宮本武藏—著｜林娟芳—譯注

宮本武藏
五輪書

武藏兵法要義 必勝・無敗

日本人精神與商戰思維的本源

宮本武藏時代的日本地圖

目錄

火之卷

風之卷 145

空之卷

附錄

譯者序

在日本獨特的文化體系中，武士道精神是不可忽視的重要組成。無論是裝備上瑰麗鮮豔的盔甲、鋒利無比的武士刀，還是精神上的忠君侍主、殺身成仁，都獨樹一幟。二戰後期，日本軍隊採用的自殺戰術也讓美國等西方國家震驚，《菊與刀》就是從西方視角對日本文化解析的嘗試，而《五輪書》則是宮本武藏總結其一生劍法和兵法之專著，其中所蘊含的武學之道在商業等領域亦奉為圭臬，實為研究日本武道乃至日本文化不可不讀之經典。

作者宮本武藏（西元一五八四至一六四五），原名新免武藏，出生於日本岡山縣英田郡，日本戰國末期至江戶時代初期的劍術家、兵法家。從十三歲初次戰勝對手開始，一生決鬥六十餘次，戰無不勝；更在二十九歲時於「船島決鬥」中以自製的一把四尺二寸的木刀將名滿天下的劍士佐佐木小次郎斬殺，獲得「劍聖」稱號。但他並不滿足於此，繼續潛心研究二十餘年，開創「二天一流」劍道，終成一代宗師。其傳奇事蹟口耳相傳，至今我們還可在眾多影視、漫畫、遊戲作品中一睹其形象。

全書以地、水、火、風、空五個卷本分別展開闡述，既有內在的邏輯聯繫，又有生動的展示說明，詳細介紹了他一招必殺的決鬥祕技和獨特的兵法詭道。地之卷，主要對兵法之道進行簡要概括，指出核心在於掌握工具、熟練技巧、順勢而為，並介紹此流派的基本觀點，強調學習兵法之道需要把握的八個法則。水之卷，以水為隱喻，從心態、體態、眼力、手法、姿勢、招式、戰術等方面介紹技法要點，決勝之道如水到渠成。火之卷，把戰爭比作火勢，成敗在一瞬間，必須根據戰爭中千變萬化的情況，占據有利地形，知己知彼，把握先機，出其不意，攻其不備，克敵制勝。風之卷，記載各流派兵法的風格，有古代風格，也有現代風格，通過不同流派特點的比較，進而深入了解此流派的要義，切實把握其精髓。空之卷，闡述如何自然地領悟真實的兵法之道。只要領悟了兵法的要義，就可以運用自如，體會其中奇特之處，順應時勢，坦然面對戰局，輕鬆擊敗敵人。

書中詳細記載了當時日本各主流劍派的特點，也系統闡述了「二天一流」派的站位、握刀姿勢，乃至對敵具體的招式以及以寡敵眾時的戰術，可為研究日本劍道的讀者提供翔實的第一手研究資料；而書中關於面對強敵時如何主動出擊、把握機會一擊而潰的講解，則更是最佳的職場和商場生存指南。正如宮本所說「真正的兵法適用於一切領域」，《五輪書》被日本人看作商場與人際關係的必勝之書。松下集團創始人松下幸之助的案頭就常備一本《五輪書》，哈佛商學院也將本書列為學生的必讀書目。

《五輪書》與《孫子兵法》、《戰爭論》並稱為世界三大兵書，與《孫子兵法》強調「不戰而屈人之兵」不同，《五輪書》更注重的是正面殺敵，不留後患。既在戰術上強調「一擊必殺」、「一招制敵」，也在心理上強調「細節決定成敗」、「節奏為致勝關鍵」，更有哲學上的「無念無相」、「無刀勝有刀」。對此書的翻譯，不僅對兵法、武術愛好者具有指導意義，更希望對企業管理和個人成功有啟發作用，以兵法思維來把握管理之道和事物發展的規律。至於其中更多精髓，則有待各位讀者仔細研讀，用心體會。

作者序

寬永[1]二十年十月上旬，我登上九州肥後的岩戶山[2]「二天一流」[3]。

我是一名生於播磨[4]的武士，名新免武藏守，又名藤原玄信，時年六十[5]。我自幼研習兵法之道，十三歲那年第一次與人決鬥。當時我打敗了新當流的有馬喜兵衛[6]。十六歲時，打敗了但馬國[7]一位名叫秋山的高手。二十一歲時，我來到京都，與當時名聞天下的各大武林高手數次對決，戰無不勝。之後，我周遊各地，與諸流派的高手比試六十餘次，從未失手。這些是我十三歲至二十八、九歲的事了。而立之年，回首往事，我發現之前的戰無不勝不是因為我悟透了兵法，或許只是因為天賦異稟或順應了天理；抑或是因為其他流派的武藝尚存不足。

為了更進一步領悟兵法之道，我閉關鑽研，終在五十歲時悟到精髓。自那以後，我的生活進入一個從心所欲不逾矩的狀態。我把在兵法上所領悟的真髓融會貫通於各個領域，無師自通地學會了多門技藝。現在，執筆《五輪書》，我無須借用任何佛教、儒教、道教的語言，也不引用軍紀、軍法的故事，我希望以天道和觀世音為鏡，將二天一流的真髓和它真正的意義寫下來。

是時十月十日[8]夜寅時[9]。

1 寬永是日本天皇的年號，指一六二四年至一六四三年。寬永二十年為一六四三年。（本書以下年分皆指西元）

2 肥後是日本舊制地名，相當於現在的熊本縣地區。岩戶山也稱為岩殿山。此處為有名的「岩戶觀音」的觀音道場，是佛教聖地。現名雲巖禪寺，位於九州地區熊本縣松尾町。

3 在此序中命名為「二天一流」，火、風、空各卷中名為「二刀一流」派。

4 播磨亦稱播州。日本地方行政區分之一。今日本兵庫縣西部，屬於山陽側。

5 如果此處記載武藏歲數正確的話，作者出生年分即為天正十二年，即一五八四年。

6 日本戰國時期有名的劍術流派之一。近世初期，由常陸國（今茨城縣）塚原卜傳創立。另一說是上野國（群馬縣）上泉伊勢守秀綱創立。也名為鹿島新當流。

7 但馬是日本舊制地名。相當於現在兵庫縣北部地方。

8 作者選擇十月十日執筆《五輪書》並非偶然，是有宗教意義的。在農曆的年節中，月數和日數相同的日子，如三月三日、五月五日、七月七日、九月九日等，是重要的節日。古代人認為寅時是神聖的時刻，很多儀式選在這個時刻開始。作者選擇在這樣特別日子的特別時刻執筆是希望自己的著作能夠順利完成。

9 淩晨三時至五時。

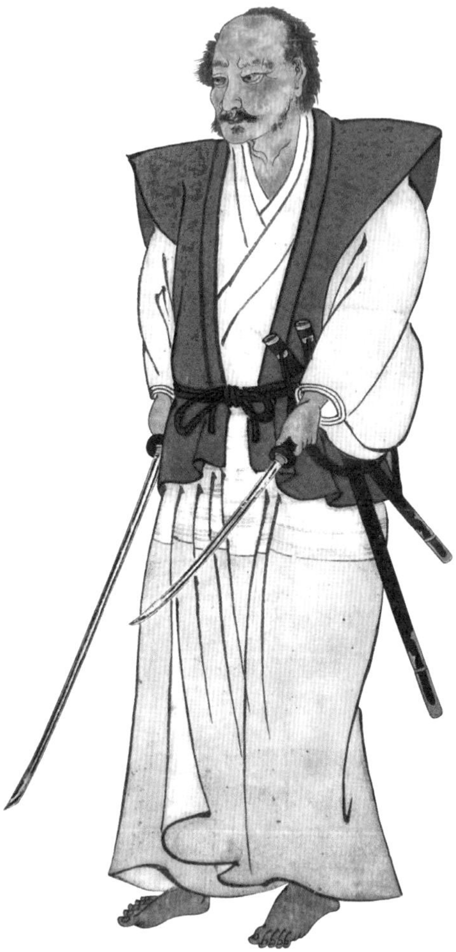

宮本武藏自畫像

注解

（一）其道之名為「二天一流」。「二天一流」的「二天」指的是太陽和月亮兩個天體，象徵陰陽二元。「一」是指陰陽兩項對立合一。由於武藏的流派是左右兩手分別握劍，因此其流派也命名為「二刀一流」派。本書中也反覆出現「二刀一流」的說法。武藏在本書中將「二天一流」、「二刀一流」並用。

（二）在本卷之首，作者希望以天道和觀世音菩薩為鏡，並非是皈依神佛，而是希望在天地和觀世音菩薩面前，能夠進入無我狀態，把自己對兵法真實的體悟記錄下來。

（三）「無師自通地學會了多門技藝」是《五輪書》的名句之一，也是最容易被誤讀的句子之一。無師自通並非由於宮本武藏的自信，也並非桀驁不馴。作者想表達的是，神佛雖然尊貴，但是人不能依賴神佛。作者認為，人如果有老師，就會依賴老師，把老師的權威作為自己的權威。內心不夠堅定的人往往因此落入窠臼。而且，當了老師就會希望有自己的弟子。武藏一生孤獨，一生都在和其他一切鬥爭、自己鬥爭。

宮本武藏是具有鋼鐵一般意志力的人，在晚年也只收養了徒弟伊織作為養子，希望他能夠繼承劍法。但是後來意識到這種做法是錯誤的，這是追求自我和膨脹的欲望罷了。武藏終其一生所追求的是兵法的終極之道，他在不斷的實踐中領悟到諸般武藝的真理，自己就是自己的老師。

地之卷

前言

所謂兵法就是武士的法則。將領尤其應該學習兵法，士卒也同樣有其必要熟知兵法之道。可惜現今，沒有武士認真體悟兵法之道。

首先，事物各有其道。在佛法中為救人之道；儒教中為文章之道；醫者為退治百病之道；詩人為吟詠和歌之道。無論是茶人還是弓道[10]者抑或其他各種鑽研技藝的人，他們遵循內心，修行其道，樂在其中。但是，修行兵法之道且能享受其過程的人卻少之又少。

武士應該文武雙全，能夠體會到文章之道和習武之道的樂趣。就算天性愚鈍、才疏學淺，作為武士也應當盡自己所能、努力修行。世人普遍認為，武士應當在日常生活中不斷思考如何死得其所，這是武士應有的信念。實際上，向死而生不只是武士應有的精神，也同樣適用於僧侶、婦人、普通百姓。知義理、懂廉恥、參悟生死，這是所有人應該努力修行，追求的境界。

武士磨練兵法之道的根本在於時刻懷有戰勝他人之心。無論是單打獨鬥還是面對群敵，皆應謹記這是報效主公，也是個人揚名立萬的好時機。兵法之道的意義，盡在於此。

世上有些人認為，就算修習兵法之道，在實戰中也未必能夠派上用場。其實，真正的兵法之道在於—學習者通過反覆訓練，可以在任何時候都能熟練運用於實戰，而授業者應該只教授實用的內容即可。

注解

（一）向死而生不僅僅是武士應有的精神，也同樣適用於僧侶、婦人、普通百姓。那麼，武士和其他人的區別何在？武士在任何場合時時刻刻都要懷有戰勝他人之心。在兵法中，武士是不允許失敗的。因為失敗就意味著死亡。武士的決鬥是生死一念間。

10 弓道是日本武道之一，起源於中國。古代《禮記》傳入日本後，日本的射箭不僅有了一定發展，並在此基礎上形成今天的弓道。

所以，無論在任何場合，都必須獲勝。武士取勝有各種場合，既有單打獨鬥，也有面對群敵的廝殺。作者提到兵法的意義不僅是報效主公，也是個人揚名立萬的好時機。這是宮本武藏針對世間普通的武士而言。因為武藏為了把自己所領悟的兵法傳給後世，所以需要獲得世間一般武士的共鳴。他本人就是通過一次次的決鬥揚名天下的，並為此拚盡一生。

（二）兵法必須在實戰中發揮作用。宮本武藏是徹底的合理主義者。他提出「真正的兵法之道在於學習者通過反覆訓練，可以在任何時候都能熟練運用於實戰」。兵法必須以實戰為第一要義。在實戰中無法發揮作用的兵法是毫無意義的。因此，首先最重要的是必須進行隨時都能派上用場的訓練，並且訓練時要模擬實戰。所謂「任何時候都能熟練運用於實戰」，指的是無論何時何地，即便是在沒有佩刀的情況下，或者是睡覺、吃飯的時候，都能夠瞬間進入戰鬥狀態。但是這種訓練絕非易事。一般情況下，沒有佩刀自然會有很大的劣勢，甚至被對手輕易擊殺。正因為如此，進行赤手空拳狀態下的決鬥訓練十分必要。

另外，教授兵法的人也必須只教習實用的內容。教授者沒有理由教學生不實用的

本朝劔道略傳

不破伴作

諏訪大明神へ祈誓を
かけ夢中に左右の
手球鐵みきことと
夢こえ惣身鐵の
ごとくにあらり其刀
限りうす　又
劔術両刀乃
達人無類稀代の
早技古今絶類双
者あく或哉刀の程を
試んとそ石のいもねを
握りとそ打っふ鐵てま残
りりく打とく千の當る變ち
うちうけくるは無双の大刀ちう
後慢心みそつ
身をそさんとるふ

朝櫻樓
國芳画

巻上瀬屋

內容，隨意的教法在實戰中無法發揮作用。但是，想要達成這個目的，學習者也必須認真練習。因此，無論是授業者還是學習者，都必須認真訓練能夠在實戰中發揮作用的兵法。

第一節　何謂兵法之道

無論在中國還是日本，熟練掌握兵法的人都被尊崇為兵法家。身為武士，都必須學習兵法。當今有些人自詡精通兵法橫行天下，但充其量他們只是略通劍術罷了。常陸地區[11]鹿島、香取神社的神官們，自稱得道於神明，設立各種流派，遊歷諸國傳授兵法。自古以來，在十能七藝[12]中，兵法一直都被認為是具有實際用途的顯學。的確，劍術是一門武藝，但是有實際意義的並非只有劍術。如果習武者只關注劍術的實用性，那麼甚至可以說沒有看清劍術的真正意義；更不可能通曉兵法。

縱觀世間，有的人以各種花俏技巧為噱頭，把自己當作賣點，待價而沽；甚至有人把花樣使用在各種武器上，當作其流派的亮點去宣傳。如果把這種行為和劍術分別比作花和果實的話，那他們就是華而不實，內容空洞。兵法之道是一個循序漸進的過程，學習者最先關注看得見的是招數；其後學習劍術，磨練技巧；或者在各種道場上教學相長，最後才能體悟其真髓。俗話所說的「淺學害人，一知半解最可怕」。

大體來說，人在世間有四種謀生之道，即士、農、工、商。

第一，為農之道。農民們配備各種農具，時時刻刻關注四季變化、天象四時，平凡度日。

第二，為商之道。譬如經營酒鋪的人，大家各顯神通，無論商品優劣都想要牟利維生。無論何種買賣，唯利是圖是為商之道共通的地方。

11 常陸是古代日本的地名，今茨城縣地區。鹿島、香取兩地均屬於常陸地區。

12 十能七藝指的是各種各樣的技能。本文中「七藝」的說法是從中國傳來的。中國周朝的貴族教育體系中，周王官學要求學生掌握禮、樂、射、御、書、數六種基本技能。兵法中的六種武藝指的是劍、槍、弓、馬、柔（指柔道）、炮。但是《五輪書》中，作者所說的七藝，是作者追加了兵法這一項。兵法本來屬於類型的概念，但是作者把它和具體的武藝並列，意圖在於強調兵法的重要性。

士農工商
廿四孝の内
一勇斎國芳画
坂本町

第三，武士之道。身為一名武士，應當對各種武器的使用方法嫻熟於心，並熟練掌握其特性。身為一名武士，如果不熱愛武器，對武器的特性生疏，那豈不毫無樂趣可言？

第四，工匠之道。以木工為例，木工要善於購置各式各樣的工具並熟練掌握其用法，能夠根據施工圖正確施工，對待工作兢兢業業。

以上是士、農、工、商的四種謀生之道。

如果把兵法之道比作工匠之道，則可以用建造房屋來類比。那些常提到的皇室宮殿樓閣、王公貴族的宅邸、武士的住所等，有的歷經歲月保留了下來，有的已經消失在歷史的塵埃裡。人們提到這些建築時，總會評價它們是為哪個流派、何種風格，或者索性稱其為某某木工家。因為提到這些房屋的流派，就相當於提到某個工匠之道。日語中木工寫為「大工」二字，意為「下大工夫」；兵法之道寫為「大匠」，這種說法和木工是相通的。如果要學習決鬥的制勝法則，一定要好好領會本書的內容，把老師看作針，弟子看作線。最首要的是長期不懈的堅持訓練。

注解

本節主要由三部分內容組成。第一，批評劍術中心主義；第二，講述士、農、工、商四種謀生之道；第三，把兵法之道比做工匠之道。

第一，作者批判了劍術中心主義。他指出，身為武士，都必須學習兵法。這種兵法指的是綜合的武藝，並非局限於劍術。但是，當時廣義的兵法意義已經衰敗，世人提到兵法都認為是劍術，導致兵法的意義非常狹隘。在文中，作者點名批評鹿島、香取神社的神官們。這兩個神社是擁有古老傳統的武劍神社。作者認為，習武者若只關注劍術的實用性，那就無法看清劍術的真正意義；更不可能通曉兵法。其次，作者批判了技藝商品化。他認為，把兵法當作商品是華而不實的，會墮落成只有花俏的招數，在實戰中無法發揮作用。這和後世的道德主義、精神主義的武道神聖觀念的批評是截然不同的。歸根結底，宮本武藏是個實戰主義者。

第二，講述士、農、工、商四種謀生之道。當時，士、農、工、商這四種垂直的身分觀念已經基本固定。但值得注意的是：作者在具體闡述的時候，最先列舉的不是武士，而是按照農、商、士、工的順序。在作者看來，士、農、工、商這四種職業並不代表身分地位的高低，只不過是四種不同的謀生手段罷了。武士也僅是謀生手段的一種。在作者所處的年代，這是完全有可能的。在「下克上」的時代，通過一代人的努力成為諸侯的比比皆是。

第三，把兵法之道比做工匠之道。在士、農、工、商的「工」裡，作者選取木工作比喻，是非同尋常的比喻方法。首先，木工是建設性的工作，但武士的工作是破壞性的。作者把這兩個正反兩面的事物放在了一起。其次，按照社會一般常識，武士是支配階級，是其他階級的模範。但是，此處作者用身分地位低的人來說明身分地位高的人，這種說明方法是顛覆性的。由此可見宮本武藏高超的諷刺技巧。

第二節　以工匠之道喻兵法之道

戰場上的大將，要對天下事、國事、家事瞭若指掌，這才是統帥應有的格局。就如木工的領班，應當熟練掌握唐塔、伽藍[13]的規格尺寸，能輕鬆解讀宮殿樓閣的施工圖，合理調度人員施工。在這一點上，木匠的領班和戰場上的統帥是相通的。

建造房屋時，木工的工作很重要。樹幹筆直光滑、外觀優美的木材可以用作頂樑柱；紋路略有瑕疵但枝幹挺拔的硬木可選作房屋內部的圓柱子；材質稍軟但紋路清晰光滑的可以製作成門檻、門楣、門窗等；節眼多且樹幹彎曲但硬度好的木材，應當綜合考慮房屋的整體特點，合理安排使用。像這樣各得其所、物盡其用建造出來的房屋才可能屹立不倒。除此之外，節疤多、枝幹彎、硬度不足的木頭可以用作鷹架，再不濟的，也可以當柴燒。

13 唐塔、伽藍，本意指各種佛堂寺廟。此處泛指各種建築。

誠忠義士傳
早野輪助常成
早野常成ハ弓術ニ達し百的百中韜矢なし報讐の夜同姓なりし大星良雄勘平の殉死を憐ミ早野常世ニ勘平の働きと覚り裏門口より馳向ひ一番鎗ニ門番人を突留是を外面へ出る者共ハ不意の矢疵を蒙りて驚き内へ逃込のミ出遇ふ者ハ一個もなし夫より師直が居間を目がけ踏込相手を撰ずに勇を震て戦ひ終に呼子の笛を聞て雑部屋に泉り敵の首級を得たりしとぞ常成誹諧を好ミ沾徳の門に入て俳名を如柳と号す本望を遂て
魂や風よりさきへ凡巾　如柳
夜討の折脊負たる箙に短冊を付て一首の歌あり
梓弓やすよのなかにとどめせば上にしものくもの雪ハ見ゆとも　如柳
應需一筆菴寄誌
一勇斎國芳画
三

木匠的領班在給木匠們安排工作時，應該對大家的技藝瞭若指掌，根據各自的技術水準安排他們或打磨地板，或製作門檻，或修建門楣，或打磨天花板，這樣才能做到人盡其才、木盡其用。手藝平平的人可以安排他們去鋪地板下的橫木，再不濟的工人也可以考慮安排他們刨木板打雜。領班根據每個人的才能合理安排工作，這樣才能提高工作效率，順利推進整體工程。

工作效率高且進展迅速，凡事皆不懈怠，把握事物關鍵，掌握每位成員的工作水準，順勢而為，不勉為其難，這些都是作為統領者應該追求的境界。兵法的道理也是如此。

第三節　兵法之道

兵法之道中，如果把士卒比作木工，那麼他就應當像木工一樣親自打磨工具，苦下工夫備齊各類工具，把工具放在工具箱中，時時刻刻準備聽候領班的指示以投入工作。作為木工，不但要學會使用手斧雕刻樑柱、用刨刀打磨地板，也要掌握雕刻精細物品的技能；懂規矩守方圓，追求細節完美，手藝精益求精。木工通過親身實踐獲得各項技能，這樣方有成為大師的可能。

身為木匠，應當備妥各種工具以備不時之需，一有時間就要不斷磨練技藝刻苦鑽研，這是非常重要的。工匠不但要學會製作佛龕、書架、桌子，甚至木燈籠、砧板、鍋蓋等，也應該做到可以信手拈來。這才是真正專業的木工，是身為木工最重要的素質。同理，士卒也當如此，請務必好好體會上述所言。

此外，身為木匠，釘是釘、鉚是鉚，工作絲毫含糊不得。具體來說，應當做到木頭間的接縫毫無破綻，打磨柱子乾淨俐落、水到渠成，這些都是非常重要的。如果有意學習兵法之道，務必記住以上所記載的每一要項，一定要用心體會、嫻熟於心。

第四節　地、水、火、風、空五卷概略

本書中我將把兵法之道分為地、水、火、風、空五卷進行講解，每卷具體說明其作用。

第一卷為地之卷，主要內容為兵法之道的梗概和本流派的基本觀點。如果只學習劍術，那就會一葉障目，無法明白究竟何謂真正的劍道。需謹記綱舉目張、由淺入深的道理。第一卷就像在地上指明前進方向的道路，故命名為「地之卷」。

第二卷為水之卷。此卷以水為範本，希望每個學習者都能心如水一樣靈動，包容萬象，能隨著容器的形狀或圓或方。小可凝聚滴水之微，大可彙聚蒼茫大海。其清澈澄淨，正可形容本門「一流派」的兵法之道。

如果能夠切實掌握劍術之道，以此隨時隨地打敗任意一個敵人，那麼就能天下無敵。在戰勝對手這個意義上，擊敗一個敵人和千軍萬馬是一樣的。

武將的兵法之道就是見微知著，以小見大，這和工匠憑區區一個卷尺而能平地起高樓的道理如出一轍。這種道理很難用文字詳細說明，見端知末即兵法的妙處所在。在水之卷中，我將記載本流派所提倡的這些理念。

第三卷為火之卷，是為記錄戰爭。火勢可大可小，變化無常。火勢洶湧，故以此比喻戰爭。無論二人的決鬥，還是千軍萬馬的群戰，應該胸懷大志、把握全域，細心研究本卷中所有的內容。

但是，把握事物的大方向相對容易，細枝末節之處則難以捉摸。千軍萬馬之戰很難在短時間內改變戰術；而個人的行為有時候變化於一念之間，這種微妙的變化是極其難以捕捉的。我們要對其深入研究。

火之卷中記錄的是戰爭、勝負之事，成敗都在瞬間，因此需要日夜苦練技巧，對成敗保持一顆平常心，寵辱不驚。這是兵法的關鍵。

第四卷為風之卷。這一卷中所記載的不是只有本流派的內容，而是各流派兵法的匯總。稱其為風，因為有古代風格，有現代風格，還有各自的流派風格。詳細記載了各個流派，故名「風之卷」。

如果不了解其他流派的內容，就無法正確了解本流派的奧義。[14]凡事都有旁門左道。如果每日浸淫於自以為的正道，但本心卻偏離了真正的道，終究還是南轅北轍。如果不能掌握真正的方向，就算起初只是偏離一點點，但是終究失之毫釐謬以千里。凡事過猶不及。因此，學習兵法之前要認真鑽研各個流派。

14 知彼知己，百戰不殆。不知彼而知己，一勝一負。不知彼不知己，每戰必殆。（《孫子兵法》謀攻篇第三）

世人普遍認為，其他流派所宣導的兵法就是某種劍術，但是，本流派所鑽研的兵法原理和招數自成一體，獨一無二。為了讓世人了解其他流派的兵法，風之卷中將記載其他流派的特點。

第五卷為空之卷。本卷命名為「空」，是因為空代表著無始無終。掌握到兵法的原則，但不去拘泥原則。兵法之道就是自然之道。順應天時把握時機，就能夠坦然面對戰局輕鬆擊敗敵人。這就是空之道。「空之卷」主要記載的就是如何自然地領悟真實的兵法之道。

注解

本節提到本書由地、水、火、風、空五卷組成，並簡單介紹各卷概要。其中，《空之卷》尤為重要。在宮本武藏看來，空是無內無外，無始無終，沒有開始也沒有結束。空是自由的，沒有執念的。因為人若是把心思都集中在某一處，就失去了心靈的自由。心靈若能達到自由自在的境地，人才能發揮無限的力量。

第五節　一流二刀派命名的緣由

身為武士，無論是擔任大將還是普通士卒，腰間自然配掛一長一短兩把刀。古時候，日語中稱為「太刀」和「刀」[15]，後來稱為「刀」與「脅差」[16]。作為一名合格的武士佩戴兩把刀自不必贅述。後來經過潛移默化，這被認為是武士應當遵守的規則。為了讓大家知道這兩把刀的優點，故把本流派命名為「二流二刀」派[17]。

眾所周知，長槍、長刀是武器，弓箭、馬、棍棒等也是戰鬥的兵器，刀是必須隨身攜帶的。二刀一流中，初學者也應該兩手同時持長刀、短刀進行訓練。這是為了在命懸一線時，能夠充分發揮武器的作用。我們絕不希望看到武士戰死時，他的武器依

15　太刀也稱為大刀，刀刃長約六十公分至九十公分。短小的稱為「刀」。太刀和刀的區別除了長度以外，更主要的在於佩戴的方法。太刀是刀刃朝下懸掛於腰帶上的長刀。稱為「刀」的則是刀刃向上掛於腰間。

16　近世懸掛於腰部兩側的大型的刀稱為刀。脅差指的是小型的刀。

17　此處的「一流二刀」，也就是「二刀一流」的另一種提法。作者原文如此，故不做統一修改。

然原封不動地掛在腰間沒有發揮任何作用。但是，兩隻手同時握有武器並能夠遊刃有餘地應用自如並非易事。因此，這種訓練方法最終目的是為了武士能夠駕輕就熟地使用太刀。

一般人看來，兩手握住長槍、長刀等大型武器是理所當然的，刀或者短刀則是可以單手拿的武器。但是，有些場合兩手拿武器是非常不方便的，比如騎在馬上交戰，東奔西跑，穿越沼澤濕地、石子路、險峻道路等。有時候，左手拿著弓箭、長槍或者其他武器，就必須單手操縱太刀，這時候若兩手合用太刀，絕非明智之舉。但是偶爾單手無法應對時，兩手可以適當配合。單手持短刀無須額外花費精力學習。那麼，為了能夠單手駕輕就熟地使用太刀，在二刀一流派中，非常重視單手使用太刀的訓練。

無論是誰，剛開始時，單手持太刀都會感覺到太沉，無法自由施展手腳。其實凡事都是如此，萬事起頭難。最初使用弓箭時，覺得很難拉開大弓，剛開始使用長刀時同樣覺得無法自由揮舞。所有的武器，只要多加訓練就能熟能生巧。拉弓久了手臂必然更加強壯有力；習慣了揮舞太刀，必然能遊刃有餘。

平山武者所季重

太刀之道不在於揮舞的速度。關於這一點我將在第二卷水之卷中詳細敘述。太刀是在開闊的地方使用，而短刀是用於狹窄的空間，這是劍道的根本之一。

在本流派中，關鍵不在於使用的武器是長刀還是短刀，取勝才是唯一目的。因此，對長刀的長度不做具體要求。無論刀是長是短，都能獲勝才是我們流派所追求的。比起單獨使用長刀，手持雙刀的好處在於面對群敵或者被圍困之時可以發揮作用。

關於這些內容此處暫時不展開說明。但是唯獨一點務必記住，凡事見微知著、由此及彼。如果能夠真正領悟兵法之道，凡事都能無所不知、無所不曉。請一定要好好鑽研。

注解

本節宮本武藏從實戰、實用的角度出發，強烈批評其他流派兩手合用一把太刀的做法。宮本武藏的兵法最終目的是戰勝敵人，是完全的合理主義。武藏流派中，就算是初學者，也應該左右手分別握刀訓練。這種做法的目的是希望練就單手也能熟練使用太刀的本領。為了能夠做到單手熟練使用太刀，首先要使用兩把太刀進行揮舞訓練。任何人剛開始訓練時都會感到太沉而無法自由施展，但是多加訓練，必然熟能生巧。

第六節　須知「兵法」二字的好處

在兵法之道中，世人稱能夠熟練使用太刀的武士為「兵法家」。在各項武藝中，擅長使用彎弓的人稱為射手；長於鐵炮的稱為鐵炮家；熟練揮舞長槍的稱為長槍手；精於長刀使用的稱為長刀家。那麼，為何熟練使用太刀的人不稱其為「太刀家」呢？弓箭、鐵炮、長槍或者長刀都是武士的兵器，都應該是兵法之道。但是唯獨太刀之道才能成為兵法之道。因為太刀的威德可以齊家治國[18]，是為兵法的根本。如果真正掌握太刀的奧妙，就能做到以一敵十。如果一人能夠打敗十人，那麼百人就能戰勝千人，

18 日本的靈劍思想，即刀劍中宿有靈威。

千人就能戰勝萬人。在本流派中，一個人和一萬個人是一致的，因此把武士應該領會的法則稱為兵法。

再者，儒者之道、佛教之道、文章之道、禮法之道、技藝之道都不是兵法之道所學的內容。但是，只要精通自己所學之道，就能做到觸類旁通。無論學習哪種道，世人都應當謹記善始善終、精益求精。

第七節 須知兵法中武器的作用

思考武器作用的時候，很重要的一點是因地制宜、因勢利導。短刀適用於狹窄的空間或者貼身肉搏。太刀的優勢是可以應用於大部分的場合。在戰場上，長刀似乎不如長槍。長槍可以先發制人，長刀總是陷於被動。如果實力相當，使用長槍似乎更勝一籌。不過，長槍和長刀受限於使用的空間，在狹窄的空間非常不利，在圍堵敵人時也毫無優勢可言。它們只能在戰場上發揮作用，是大會戰時重要的武器。

但是，如果平時訓練總是局限在狹小的室內空間裡時，注意力總是被瑣碎細節所

本朝水滸傳剛勇八百人一個
宮本無三四
越前美濃の飛騨の境究間越の山中ふかく山鯢魚と殺
一勇斎國芳画

吸引，就會忘記武器真正的使用方法，在實戰中將無法發揮其應有的作用。弓箭可以運用於大會戰中大軍的進攻和撤退；可以和長槍隊或者其他武器配合，在短時間內合作，掩護大軍進退，特別適合在原野上作戰。但是，在攻城等場合，如果和敵人的距離超過二十間[19]以上，那就無濟於事了。

但時至今日，弓箭之道就不用提了，其他諸多武藝都開始徒勞地追求華麗的招式，虛有其表、華而不實。這些所謂的武藝在實戰中是毫無用武之地的。

對攻城戰來說，鐵炮毫無疑問是最佳武器。戰爭的開始階段，鐵炮也有很多優勢。但是，一旦大會戰開始，鐵炮就不適用了。弓箭的一個好處在於射出的箭，肉眼可以看到，鐵炮的缺點在於無法看到炮彈。這些都需要充分領會。

軍馬最重要的是要身強力壯、習性溫順。總體來說，作為戰鬥的裝備，馬匹必須能日行千里而不知疲倦；長刀、短刀、長槍，大且鋒利者為佳；弓箭、鐵炮首選堅固不易損壞的。

對待武器應當一視同仁、不能厚此薄彼。如果持有的武器超過需要的數量，反而過猶不及。不要模仿他人，凡事根據自己的實際情況定奪，武器必須使用適合自己的。

無論是大將還是士卒，偏愛或者嫌棄特定的武器都不是好事。這些內容也務必好好體會。

第八節　關於兵法的節奏

凡事都有節奏，特別是兵法，如果沒有進行節奏的訓練，就無法真正習得兵法之道。

世間有節拍的：如「能」[20]的舞蹈、伶人的音樂等。這些只有把節拍調整一致，方能說是正確的節拍。

19 原指建築物的柱子與柱子的間隔數量，非長度單位。明治時代，統一制定「一間」等於六尺，約今一點八公尺。

20「能」是日本最具有代表性的傳統藝術形式之一，也稱為能樂。從平安時代（七九四至一一八五）中葉直到江戶時代（一六〇三至一八六八），這種藝能一直被稱為「猿樂」或者「猿樂之能」。以日本南北朝為界，前期猿樂和後期猿樂面貌迥異，故現今日本學術界把前者稱為「古猿樂」，後者稱為「能樂」。

了節奏。

在武藝中，弓箭、鐵炮、騎馬都是有節奏的。在各種武藝或者技能中，都不可亂

另外，肉眼看不到的東西也是有節奏的。對武士自身來說也是如此。比如建功立業時、頹唐消沉時、意氣相投時、人心向背時，都各有其節奏。從商之道也是有節奏的，比如生意興隆、富甲一方時和經營慘澹、財富盡失時，兩者節奏截然不同。應該仔細辨別事物繁榮和衰退的節奏。

兵法的節奏也各種各樣。首先，要熟悉敵我勢均力敵的節奏，也要了解敵強我弱或者敵弱我強的節奏。要掌握大型戰爭的節奏，也要知曉小型決鬥的節奏。在大大小小的節奏或者快慢的節奏中，要能區分進展順利的節奏、應停止進攻的節奏或者撤退的節奏，這是兵法中最重要的事情之一。總之，如果違逆敵方的節奏卻不自知的話，就無法成就真正的兵法。

在戰鬥中知道了敵人的節奏，可以出其不意地制勝。這是運用了兵法中所謂智慧的節奏，以空的節奏來贏得勝利。

歸根到底，兵法之道就是節奏的問題。請務必好好體會並勤加操練。

以上所講述的二天一流之道，希望你們日夜地勤加實踐，這樣自然就能心境寬廣。這些不僅可以作為個人的兵法，也可以作為集團作戰的策略。這是我人生中第一次把「二天一流」之道寫成地、水、火、風、空五卷。

想要學習兵法之道的人，必須遵守以下幾個法則。

第一，心思澄明。

第二，勤加實踐兵法之道。

第三，不要僅僅局限於一種技能，要接觸學習各種武藝，開闊視野。

第四，了解各種職業之道。

第五，了解事物的利害得失關係。

第六，培養對所有事物的分辨能力。

第七，能夠用心領悟事物的道理。

第八，注意觀察細節。

第九，不做無用之功。

以上這些大概就是修練兵法之道時應當注意的地方。

在學習兵法之道時，如果眼界不夠寬廣，是不可能成為兵法家的。如果能夠刻苦訓練並做到心胸開闊，就算隻身一人也有可能打敗二十甚至三十個敵人。這個過程中，最重要的是要有參悟兵法的精神，只要埋頭苦學，心無旁騖、日夜修練，先學習徒手打敗敵人，然後淬煉自身。首先通過練習達到能夠自由支配自己身體的境界，這樣在身體上就占有優勢。其次修練自己的內心，這樣在精神上也有優勢。如果精神和技能的所有各個方面都能夠到達卓越的境地，將無往而不勝。

此外，作為集團作戰的策略，身為將領，如果能夠擁有優秀的部下並且善於調配，做到人盡其才，加上能夠嚴於律己，勤於國政，體恤民眾，那麼這個社會就能長治久安。

無論是哪種道，如果能夠勝過別人，能夠成就自身，能夠揚名天下，那麼就算是兵法之道。

正保[21]二年（一六四五年）五月十二日　新免武藏
寺尾孫丞殿
寬文[22]七年（一六六七年）二月五日　寺尾夢世勝延
山本源介殿[23]

21 正保是日本天皇的年號，指一六四四年至一六四八年。
22 寬文是日本天皇的年號，指一六六一年至一六七三年。
23 譯者所據譯本的每章之後，均有此落款。日本學界對此眾說紛紜，大多學者認為是宮本武藏把書稿傳給某個人時寫的，頗類似現在贈書時的簽名。因此這種落款不止一個版本。為尊重原貌，本書予以保留。

水之卷

前言

二天一流中最重要的思想是以水為根本，兵法之道如水。本卷為水之卷，記錄二天一流的太刀之道。但是，其中精髓只可意會不可言傳，望各位細細地思考。卷中文字，望好好體會。稍有懈怠，謬之千里。

關於兵法中取勝之道，就算記錄的是一對一的勝負，也應當把它看作萬人決戰的方法來體會，因為從更廣的角度來看問題是十分重要的。

在兵法中，如果對道的理解稍有偏頗、有所迷茫，必定會偏離正道。如果只是泛泛閱讀本書，那更無法體會到兵法的精髓。應當把此書的內容，當作是為自己寫的書，不要僅僅停留在閱讀文字上，或者只是讀熟之後去模仿它，而是應該從內心悟出來有益的內容，常常努力地將自身融入其中去體會。

第一節　學習兵法的心態

學習兵法之道，應該保持平常心。無論是寧靜的閒居還是戰爭時期，都應該保持同樣的心態，不要有任何變化。應該敞開心扉，心思澄明，不可過度緊張也不可鬆懈。思想不可偏激，讓心境處於自在流動的狀態，這種狀態一刻都不能停止。

身靜心不可靜，身動卻心靜。心境不受動作的影響，動作也不受困於心。必須時刻注意自己的心境，注意心態不要受動作的影響。要充實強大內心，不要讓無謂的事影響心情。就算外表羸弱，但是內心必須強大，同時不可讓人窺見自己的本心。

體格弱小的人要充分深刻了解身體健碩的人的心理狀態，反之亦然。無論身體羸弱還是身強體壯，都應該坦誠面對、接受自己，不要妄自菲薄或者狂妄自大，這非常重要。

不要讓無謂的事物蒙蔽了心靈，要以寬廣的心去學習兵法，在更廣闊的天地中，一心一意地成就更有智慧的自己。

不斷提升自我，成就更睿智的自己，明辨是非善惡，盡其所能去體驗學習所有技藝之道，不被世間任何人或事物所矇騙，這樣才能算是真正明白兵法的智慧。

總之，學習兵法需要特別的歷練。在戰場上兵荒馬亂、人心惶惶之際，能夠貫徹應用兵法的理論，保持穩定的心態，這需要下工夫好好訓練。

第二節　學習兵法的體態

所謂兵法之道的體態應是：臉部保持平衡，既不朝下也不向上，不偏向一側也不扭曲；視線保持不變，額頭不要收緊，兩眉之間略保持緊張，儘量保持眼珠不動，不要眨眼，兩眼稍合。

面部表情平靜安詳，放鬆鼻子，下巴稍稍向前，後背挺拔，脖子保持緊張的姿勢，要把肩膀和全身融為一體。放鬆兩肩，挺直背部，臀部收緊，膝蓋到腳尖用力，不要彎腰曲背，收緊腹部。就像插進楔子一樣，讓長刀的劍鞘能自然掛在腹部，紮緊腰帶。

總之，兵法之道中很重要的一點是：讓日常的體態成為練習兵法的姿勢，讓練習兵法的姿勢成日常的體態，兩者合二為一、不分彼此。請仔細體會。

注解

禪曰：「平常心即道。」學習任何武藝最重要的是保持一顆平常心。柳生宗矩[24]認為，能夠懷著平常心去做任何事情就是「名人」。無論做什麼事情，或者心裡想要做什麼事情，都不要表露出來，心裡也不要想著盡力把事情做好，這才是平常心。當修行還未成熟時，一心想著要好好發揮反而會做不好。柳生宗矩是從禪的立場來說平常心，而宮本武藏在本書中所說的平常心不僅僅是心，更是平常身。平常心在觀念上的是抽象的，但平常身是具體的。他認為，最重要的是讓日常的體態成為練習兵法的姿勢，讓練習兵法的姿勢成為日常的體態。為了在戰場上能夠保持平常身，反覆訓練是非常必要的。

24 日本江戶初期的劍客，歷史上著名的兵法達人，著有《兵法家傳書》等。

第三節　學習兵法的視線

對戰的時候，視線應該留意更寬廣的地方。

首先，視線有「觀之目」和「見之目」[25]兩種。所謂「觀之目」，就是用心去體會、去感受、去看，也可理解為用「心」聆聽。「見之目」就是用凡眼去看。學習兵法之道的人應該強調突出「觀之目」的作用，弱化「見之目」。

兵法要求我們：能夠洞察遠處的風吹草動，而不是僅僅局限於眼前的動靜。冷靜對待眼前的情形，既能把握敵人太刀的走向，又不完全被太刀的動作所迷惑。對此，必須下苦功練習。

這些心得體會不僅適用於個人與個人的決鬥，也適用於集體戰鬥。保持目不轉睛，同時也能夠眼觀八方，這是非常重要的。

上述心得體會是不可能一蹴而就的。請記住我寫下的這些東西，隨時隨地加以鍛鍊，無論何時都不要改變自己的視線，不斷地修練。

注解

本節中宮本武藏把視線分為「觀之目」和「見之目」。「見之目」是用凡眼去看，「觀之目」是用心去體會，用佛教語言來表達就是「觀智」。普通人一般是肉眼去觀察事物。我們的眼睛總是有選擇性地看到自己喜歡的事物，耳朵也是如此。換言之，眼睛和耳朵難以客觀、真實地把握事物。因此，「觀之目」就尤為重要。有人說：「觀是用心傾聽。」用耳朵是聆聽，用心傾聽才是觀。觀是用意志和本心去看。觀不是看對手的動作，而是看對手氣息的動態；不是只觀察一處，而是從整體把握。要掌握觀的方法不是一朝一夕能成，而是需要長年累月的積累沉澱。

25「觀」和「見」都是佛教用語。「觀」是指內心平靜地觀察事物，領悟事物的本質。「見」一般為否定意義，指對事物錯誤的認識。

忠臣義士 高名競
大星 清左衛門信清
信清ハ玄関の戸を打破り高声ニ自称て
言やう塩谷高貞の家臣等亡君の恨を
報ぜん為ニ推参せり 師直公出合たまひ
尋常ニ勝負あつて首級を我らニ賜ふべしと
異口同音ニ呼ハりバ詰合せる侍どもハ刀をもつ
めぐして支へたり 鎗剣の光ハ庭の雪ニ映じて
軒の垂水ニ異ならず思ひくニ奥深く切入る
義士の戦ひハ鍔音ハ高く雨へ婦女児の泣叫び
逃惑ふ形勢ハ宛然地獄の躰相を見るが如く
當下奥へ入らんと廊下の口ニ太刀真向ニきつてかゝる
須藤仙右衛門と名乗信清を目掛撃込んとするを
清左衛門ハ身を翻して受ながし透さず打合ふ互の手練
神出鬼没の早業ニ暫時勝負ハ見えざりしが須藤の撃太刀
鴨居へ切込抜んとあせるうち信清後へ身を滑らし片手打ニ
えいと切ふらひ違ひ肩先よりあばらへ係て切下れバ須藤ハ
わつと叫もあへず血烟り立て死てけり
應需 一筆菴誌
須藤仙右衛門
一勇斎国芳画

更重要的是，能夠洞察遠處的風吹草動，而不是僅僅局限於眼前的動靜。從整體把握敵人的動態非常重要。如果僅僅觀察眼前敵人的動作，心就會被束縛，就無法把握遠處的動態。因此，一定要防止被眼前敵人的動作所迷惑。作者接下來指出，兵法中把握敵人太刀的走向很重要，但是不能完全被其太刀的動作所迷惑。這不僅僅適用於兵法，也適用於其他任何事情。如果只是用「見之目」去看事物，那只能看到眼前。要不斷磨練「觀之目」，這樣才能看到遠處，看到整體，看到更美好的未來。

第四節　太刀的握法

正確的握法是拇指和食指稍稍放鬆，中指保持自然狀態，無名指和小指握緊；手不應該放鬆，握刀時腦海中必須時刻準備著殺敵。

斬殺敵人的時候，不要改變手部的狀態，不要發抖而用不上勁。如果出刀時碰到敵人的太刀，或者遭受敵人太刀的攻擊而被壓制，就略微調整拇指和食指的姿勢。總之，要以保持斬殺對手的心態握住太刀。

無論是練習時嘗試斬殺敵人的動作還是真正廝殺的時候，都要以殺敵的心情握刀，這一點是不變的。

無論是揮擊太刀的動作還是手的握法，一成不變並不可取。如果墨守成規、毫無改變，那就是自尋死路，只有靈活應用才能求生。這一點務必好好體會。

注解

本節宮本武藏講述了手握太刀時最重要的是懷有隨時準備殺敵的心。因為武藏是徹底的合理主義者，在他看來，太刀的作用就是殺敵。無論是太刀的握法還是手部的姿勢，都不能固定不變。手一旦墨守成規、毫無改變，就成了死亡之手。只有變化的手才是生存之手。澤庵[26]認為兵法修練首先要摒棄執著的心。他在《不動智神妙錄》中警告人們心不可執念於一處，論述了如何去掉執著的心。澤庵對此做了如下論述：「心之置所，言心置何處；心置敵身之動，則心為敵身之動所取；心置敵刀劍，則心為敵刀劍所取；心置我刀劍，則心為我刀劍所取；心置思不被砍殺之所，則心為思不被砍殺之所而取；心置對人戒備，則心為對人戒備所取。蓋言之，心無置所。」在宮本武藏看來，不僅僅是心，太刀和手亦如此，如果固定於一處就是死亡之道。

26 澤庵宗彭（一五七三至一六四六），江戶時期臨濟宗的僧人，精通書畫、俳諧、茶道。著有《不動智神妙錄》。

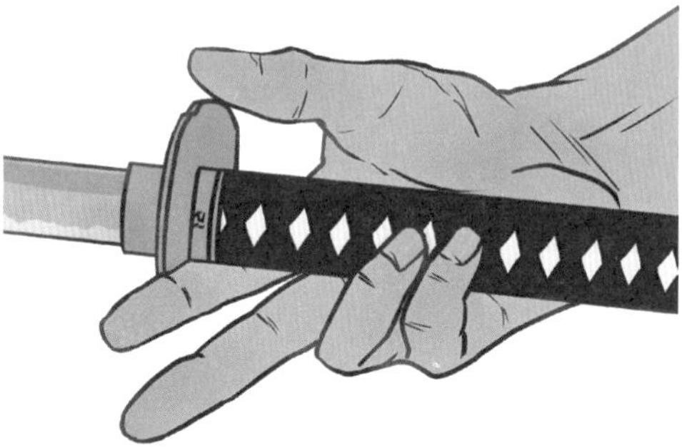

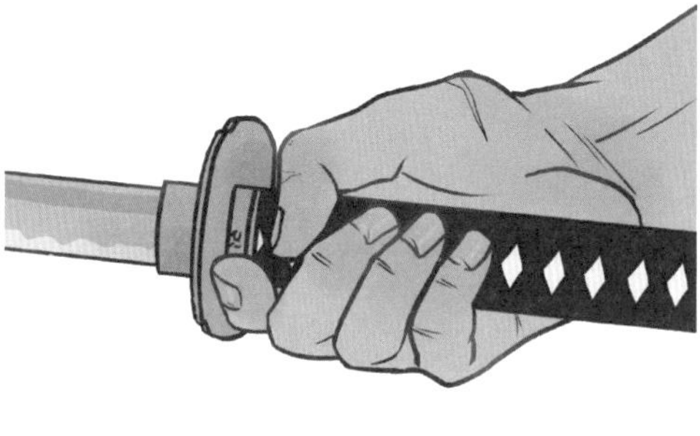

太刀的握法

第五節　站立的姿勢

站立或者移動腳步時，腳尖稍稍放鬆，腳後跟必須穩穩貼住地面。腳步的移動根據不同的時刻有大小步或者快慢步之分，但是要保持平常的步履節奏。兩腳跳起、踉踉蹌蹌或者原地不動，都是不好的姿勢。

腳步的動作，最重要的是陰陽協調[27]。所謂的陰陽就是任何移動時都不要只移動單腳，無論是斬殺還是撤退或是迎敵，都應該兩隻腳交替移動。這一點務必謹記。

27 原文是陰陽足，此處意譯。陰陽足指的是左右兩腳交替行走。在《黃帝內經素問》中有「天地者萬物之上下，左右者陰陽之道路」。「左右」也稱為陰陽。但是哪個是陰哪個是陽不做區分。作者意在強調步行動作要與平時保持一致。

第六節 五種姿勢

兵法中的五種姿勢指的是上段、中段、下段、左側、右側等五種。雖然姿勢分為五種，但是一切目的都是為了殺敵。姿勢不外乎這五種，但是無論採取何種姿勢，都不要受限於招式，記住最重要的是殺敵。

姿勢的幅度根據場合不同而不同，根據實際情況採取最合適、最有利的姿勢。上段、中段、下段這三種姿勢是最基本的，把刀放在兩側是擴展應用的招式。握刀於左側或者右側，是為了上段的姿勢能夠更好地斬殺敵人；或者為了側部的刀能夠發揮作用。刀置於左側還是右側，務必根據實戰中的實際情況來判斷。

請記住，兵法祕訣中最重要的姿勢是中段[28]姿勢。中段姿勢是根本，這一點若以大場面的用兵來比喻的話，中段是主將的位置，圍繞主將的是其他四種姿勢。這一點請一定好好研究。

第七節　太刀之道

所謂深諳太刀之道，是指平常對自己佩戴的太刀，就算只用兩根手指拿捏，也能完全掌握太刀揮舞的軌跡，遊刃有餘地使用它。

如果一心想要快速揮舞太刀，這和真正的太刀之道相去甚遠，根本無法得心應手。為了能夠正確地使用太刀，需保持平心靜氣。太刀不像鐵扇[29]、短刀，越是想要快速揮舞就越會偏離正道，無法在實戰中發揮作用。以使用短刀的方式去揮舞太刀，根本無法斬殺敵人。在練習中，如果把太刀朝下揮斬，立即要想到如何快速地提上來；如果向兩側揮舞，就要想到如何能夠迅速復位的姿勢；在使用太刀時，要能夠盡可能地擴大胳膊活動的幅度和強度，這些才是所謂的太刀之道。

習得本流派兵法的五種基本形態，在反覆記憶和實踐中練習太刀的招式，就能做到熟能生巧、得心應手。請一定勤加練習。

28 這種姿勢是兩刀刃呈八字形朝向對手的身體及臉部。

29 鐵扇也是武士所使用武器的一種，長八吋至一呎兩吋。約二十四至三十六公分。

第八節　五種基本姿勢之一

太刀的五種基本姿勢中，最重要、最有效的一種是中段體位。進攻之時，把太刀的劍鋒指向敵人的臉部。回擊時，應該把刀朝右側揮去。敵人若進一步緊逼，應該使用劍鋒再次進攻。如果手中的刀被壓制並且敵人趁勢再次發起進攻，此時應當從下方攻擊敵人的手。這是第一種基本戰術。

如果僅僅只是記錄五種基本姿勢，那麼作為學習者一定很難理解。關於這些基本戰術，最重要的是拿起太刀反覆練習。通過練習這些太刀的戰術，你不僅會對自己使用的太刀很熟練以外，進而對敵人進攻的招數也能瞭若指掌。原因在於這是我們二刀一流派獨有的五種姿勢。請你們一定多加練習體會，這才是一切的根本。

中段體位示意圖

第九節　五種基本姿勢之二

太刀的第二種姿勢是上段姿勢。先把太刀向上高高舉起，當敵人進攻的時候，一鼓作氣揮刀斬下。當敵人退縮的時候，應保持太刀姿勢不動；若敵人發起二次進攻，從下方順勢向上回擊。再一次交鋒也是同樣的招式。

在這種基本招式中，需要眼觀六路耳聽八方，細心觀察各種節奏。通過練習基本的招式來學習二刀一流的兵法，詳細了解太刀的五種基本姿勢，無論何時何地都能立於不敗之地。總之，請一定多加練習。

上段體位示意圖

第十節　五種基本姿勢之三

太刀的第三種姿勢是把太刀置於身體的下半身，做出要撤退的姿勢，這時候敵人若是進攻，就可以把刀從下方上挑攻擊敵人的手部。當我們如此進攻時，敵人勢必回擊試圖斬落我們手中的刀；此時若是手中太刀似乎要被敵人斬落，那先保持這種狀態不動以迷惑敵人，趁機進攻敵人的要害，最好是斬切敵人的上臂。這就是以下段姿態一鼓作氣斬殺敵人的招式。

以上所介紹的招式無論是在初學階段還是進階階段，都十分適用。請一定勤加練習。

下段體位示意圖

第十一節　五種基本姿勢之四

太刀的第四種姿勢是把刀橫放於身體左側，從下往上斬殺，進攻敵人的手。從下往上揮刀時，心裡要有一種斬敵之手的意念，力爭一鼓作氣打敗敵人。若是敵人反擊，順勢把刀提到肩部以上。

這也是抵禦敵人主動進攻時的取勝之道。請一定好好研究體會。

左側體位示意圖

第十二節　五種基本姿勢之五

太刀的第五種姿勢是把刀橫放於身體右側，當敵人襲來之時，把刀從右下方提至上段的體位，從上往下直接斬殺。

這種方法也是為了能夠進一步了解太刀之道。如果能夠掌握這些基本的太刀招式，那麼就算是很重的太刀也能應用自如。

右側體位示意圖

關於這五種基本招數，實在無法用語言詳細描述。重點在於了解本流派太刀的基本原則，熟悉打鬥的大致節奏，了解對方意圖，最重要的是在日常中不斷磨練五種太刀的招式技能。

和敵人決鬥的時候，也要熟悉敵人太刀的招式，要能夠識破對方的心思，盡可能做到各種節奏都能克敵制勝。這需要好好去體會。

第十三節　似有似無的招式

所謂似有似無的招式，是指使用太刀不可受限於既有的招式。根據太刀持有的五種不同姿勢（即上、中、下、右側、左側）稱其為五種招式。

使用太刀最重要的是根據敵人的進攻態勢因地制宜、靈活應對，時刻記住要以容易斬殺敵人為根本。有時候採用上段的姿勢，根據場合略作調整就會變成中段的體位；中段的體位如果稍稍提劍就變成上段體位；下段的體位依原來形勢稍稍上揚就是中段體位。兩側的姿勢如果刀稍稍往中間偏一些，就會變成中段或者下段體位。因此，從這個意義來說，固定招式並不存在。

總之，一旦拿起太刀，最重要的事就是斬殺敵人。無論是格擋、應接、拍打、回刀、輕觸敵人的太刀，謹記，這些都是斬殺敵人的契機。

如果過於受敵人手中太刀的影響，那麼就無法專心於斬殺敵人。千萬記住，任何動作都是為斬殺敵人而做的鋪陳。

如果從大型用兵的角度來考慮，兵力的安排就相當於招式的設計。所有的努力都是為了在大會戰中取勝。受限於招式是很不利的，希望你們好好體悟一番。

注解

作者首先分五個小節闡述了五種基本招式，在此基礎上，又在本節提出「似有似無的招式」的觀點。簡言之，就是雖然劍術有各種各樣的招式，但是不可受制於招式。如果在實戰中總是考慮要使用某種具體招式，動作就會受限反而無法發揮出個人真正的實力。

第十四節 一擊制敵

進攻雖然只是一個節奏的瞬間，但是，要了解敵人和自己的太刀位置，要趁著敵人還沒做好心理準備的時候，保持身體不動，心無雜念，以迅雷不及掩耳之勢直擊敵人要害。

趁著敵人尚未起刀、抽刀或者揮刀前，出其不意地出手，這也是一種節奏。要了解這些節奏，請多加練習以爭取快速制敵。

注解

本節主要講述在實戰中把握節奏的重要性。必須注意的是，作者所說的節奏並非一味求快，而是趁敵人攻擊之心未起時，在讀懂敵人的心理後，把握時機、先發制人。在柳生宗矩所宣導的理想劍術——「活人劍」中，也有類似的觀點。在實戰中最重要的第一刀並非實際的刀，而是觀察敵人的動向，在這基礎上，實際揮砍太刀殺敵只不過是第二刀罷了。他提倡在實戰中，重要的不僅僅是直接技法，還有心法的重要性。在現代看來這是一種精神訓練法，在觀察對手的動態和心理的基礎上，在任何情況下都能夠保持好心態，完全發揮出自己的實力。

第十五節　乘勝追擊（二重奏）

所謂二重奏，指的是我方準備出擊時，先虛晃一招，當敵人迅速退縮、準備撤退；或者敵人想要進攻時，我方要佯裝繼續攻擊敵人，這時候敵人在緊張之後略有疲軟，我方此時趁機迅速攻擊，然後趁敵人更加鬆懈之時，一鼓作氣連續發起攻擊。

僅僅依靠閱讀本書的文字無法深刻理解，可尋名師予以指導。

第十六節 無念無相擊

這是一種攻擊性的打法。如果敵人準備出擊，我方也打算出手，那首先身體上要做好出擊的姿勢準備，思想上也要聚精會神，全力以赴隨時準備出擊，然後趁著敵人出其不意給予致命一擊，這就是所謂無念無相的出擊。這是最重要的攻擊方法，也是最常用的打法之一，請務必用心學習並多加練習。

注解

無念無相[30]的命名法帶有神祕主義色彩，要從一分為二的角度來解讀。宮本武藏強調的是身心與手的分裂，不是心靈與身體的分裂，也就是說經過反覆修行，手、足、身體就算在動，心靈依然可以保持靜如止水的狀態。無論處於何種狀態，動作都是自由的，就算是神仙也無法輕易窺探自己內心的想法。

第十七節　流水擊

所謂流水擊[31]，指的是當自己與敵人勢均力敵的時候，若敵人準備迅速後撤或者左右閃躲，繼而又揮刀奮力反抗時，應當全身心投入，以綿綿刀勢予以防守，等抓住機會，如河川突然靜止之勢後奮力擊出。掌握此擊法，便可立於不敗之地。此法的關鍵在於看準敵人的位置，一擊必中。

30 無念無相是佛教用語，一般寫作「無念無想」，意為進入無我的境界，拋棄一切念想。本書中作者寫為無念無相，譯文也遵照作者的用法。

31 這個招式的命名方法，武藏使用了文字遊戲。因為提到流水，作者聯想到了停滯的流水。本處的流水擊不是指像流水一樣順暢的打擊，而是像流水突然停滯之後瞬間迸發出巨大的威力，是一種防衛性打擊。因此，流水擊的完整說法應為「流水停滯打擊法」。本處譯文尊重原文的說法，故譯成「流水擊」。

第十八節　機緣擊

我方出招，敵方招架閃避時，可趁勢攻擊其頭、手或腳。一刀劈出，攻勢能同時覆蓋敵方多個身體部位，再依具體情況攻擊其中一點，此為機緣擊[32]。此種擊法應多加練習，對戰中常會用到。經過反覆實踐，終能體會個中奧妙。

第十九節　雷火擊

雷火擊[33]指的是敵我雙方太刀糾纏一起時，不用抬刀即以電光火石之勢奮力出擊。此擊法的關鍵在於集中雙腳、身體和雙手的力量，瞬間爆發。此招需多加練習才能運用自如，發揮殺傷力。

第二十節　紅葉擊

紅葉擊[34]指的是打落並奪走敵人手中的刀。當敵人在你面前揮舞招式時，以無念無相擊法或者雷火擊法，刀尖向下猛力擊出，對方手中的刀必會落地。

練習到熟練之後，便能輕鬆打落敵人手中的刀。請各位多加練習。

---

32 這個招式的命名向來存在不同的解讀。一般有兩種主流看法。一種認為當下的攻擊成為下次攻擊的機緣，另一種認為「緣」是邊緣之意。太刀揮斬一下，可以一次性打擊到敵人多個部位。

33 原文為「石火」。禪中有「擊石火，閃電光」之說。

34 這種命名方式與前面流水擊的命名方式類似，是作者經常用到的一種文字遊戲。因為這種打法的目的在於打落敵人手中的刀，而在日語中說到「落」，一般就會聯想到紅葉，故譯為「紅葉擊」。

第二十一節　化身為刀

也可稱為「化刀為身」。在對戰時，太刀不太可能與身體同步。根據敵人進攻態勢，身體通常先出擊，太刀隨後才跟上；或者身體不動時，太刀先揮出攻擊敵人。通常是前種情況居多。請各位仔細推敲箇中道理，詳加練習。

注解

像宮本武藏這種關於「身與刀」關係的說法與一般的觀點不同，一般認為太刀是工具，通過練習，外在的工具會成為身體的延長，也就是外在的工具內化了。但是宮本武藏的說法與此截然相反，他所宣導的境界更高。第一步，身體與工具是外在的「活人劍」；第二步，隨著技能的成長，身體與工具的關係內在化、一體化；第三步，上述身體與工具的一體性解體，形成一種分裂的運動，這種分裂不是觀念性而是實踐性的。

第二十二節 「攻擊」與「觸擊」的區別

「攻擊」與「觸擊」是兩回事，「攻擊」是無論用哪種招式，都是有意識地擊打，「觸擊」則是偶然行為。觸擊時擊中敵人，就算力道很強，敵人瞬間斃命，也只不過是「觸擊」。

「攻擊」是有意識地出劍，關於這一點請一定要明白。先觸擊敵人的手部或者足部，然後再突然發力攻擊。「觸擊」也可以說是類似觸摸一樣的行為。如果好好加以體會就能領悟兩者的不同，這是需要下大工夫的地方。

注解

以上宮本武藏分九小節闡述打擊敵人的技巧，這是作者自身的經驗之談，並非生硬的理論。其中，特別值得注意的是「化身為刀」一節中，作者指出，在實戰中身體要做好回擊的準備，然後才是太刀的出擊。這是置之死地而後生的訣絕。如果在戰鬥中，內心過於懼怕敵人，自然身體向後退縮，這樣不但無法殺敵，自己馬上會被敵人斬殺。在戰鬥中，身體一定要勇敢訣絕，行動於太刀之前。

第二十三節　秋猴身法

秋猴[35]指的是手臂短小的猴子。秋猴身法指的是不要有伸直手臂的心理狀態。在接近敵人時，千萬不要心存伸手之念，而是要在敵人出擊前，將身體迅速貼近敵人。如果一心想著伸手，身體必然會遠離敵人，所以一定要先貼近。如果和敵人的距離保持在伸手就可以接觸的範圍，那麼貼近敵人是很容易的。這一點請多多了解。

第二十四節　漆膠身法

漆膠身法指的是盡可能地靠近敵人的身體，就像突然被油漆黏住一樣不要分開。不僅僅是頭部，軀幹和雙腳靠近，還要全身各個部位都無限靠近。

一般情況下，輕易可以做到臉和雙腳迅速貼近敵人，但是軀幹往往遲了一步。務必謹記身體各個部位要全部貼近，不留任何間隙。這一點請用心研究。

第二十五節　**比高法**

比高法指的是無論在任何情況下，只要靠近敵人，身體一定不能表現出任何退縮，必須站直、挺腰、伸長脖子，把頭抬得和敵人一樣高，如同和對方比身高一樣。要堅信自己一定能贏，充分伸展自己的身體，強勢靠近敵人。這一點非常重要，請一定下工夫好好練習。

35 一說愁猴。

第二十六節　黏刀術

雙方激戰正酣之時，如果敵人擋住我方太刀，一定注意要用自己的太刀黏住敵人的太刀，不可鬆懈，同時緊緊貼住敵人身體。

「黏住」指的是太刀不要輕易分離，但注意不可用力過猛。抵住敵人太刀的同時，身體就能毫無困難地向敵人靠近。注意「黏住」不是「糾纏」，「黏住」強而有力，「糾纏」軟弱無力，這一點請用心體會。

第二十七節　衝撞術

衝撞術指的是迅速逼近對方，用身體猛撞敵人。此法應注意臉部稍稍偏轉，左肩前傾，猛撞敵人的胸部。

衝撞時，應盡可能運用最大的身體衝力，一鼓作氣。如果經常練習，可以把敵人撞飛到幾公尺之外，甚至直接奪取敵人性命。請勤加練習。

第二十八節 擋劍三招

擋劍三招分別見下：

【第一招】

靠近敵人，面對來襲的太刀，佯裝以手中太刀攻擊敵方眼睛，把對方的太刀撥到自己的右側；

擋劍三招之一

【第二招】
太刀佯攻敵人右眼，等對方太刀回擋剛好架住敵人的脖子。

擋劍三招之二

【第三招】

使用短刀接敵時，不要過多考慮如何避讓來襲之刀，儘量靠近敵人，佯裝用左拳攻擊其臉部，以迫使他後退。

以上三招，左手都要握緊，佯裝隨時攻擊敵人的臉部，以分散敵人注意力。請多加練習。

擋劍三招之三

第二十九節　刺面術

刺面術指的是當與敵人勢均力敵之時，最重要的是要從心理上不斷暗示自己用刀尖刺擊敵人面部。

只要心存刀刺敵人面部之念，對方的頭部和身體就有可能後仰，而我方就有各種擊敗對方的可能性。請務必多加練習。

在和敵人對決時，如果對方身體後仰，我方便勝利在望。因此，務必謹記這點，在修習兵法之時，多加練習這種有效的戰法。

刺面術

第三十節　刺心術

在與敵人決鬥中，當上部空間有限，左、右側也無法自由伸展手腳，無論如何都無法覓得斬殺敵人機會之時，可使用刺心術。為躲避敵人襲來的太刀，要把我方的太刀刀背正面朝向敵人，刀尖向下，直直刺向敵人的胸口。當極度疲憊或者刀刃已鈍之時，使用這招可以起到意想不到的作用，希望各位細細體會。

刺心術之一

刺心術之二

第三十一節 「喝吒」術

「喝吒」[36]術指的是我方發起進攻並將敵人包圍，對方意欲反擊之時，我方從下向上撩刀並刺向敵人，即「反擊」。總之，就是快節奏攻擊對方。「喝」是向上提刀動作的擬態，「吒」是攻擊時的快速節奏。這種節奏在交戰時經常會遇到。

「喝吒」的關鍵在於一定要刀尖向上提，內心要有刺向敵人的信念。提刀與刺敵動作需一氣呵成。請多加練習。

36「喝」「吒」二字都是禪定用語，這裡為擬聲詞，用來表示快節奏的連續攻擊。

第三十二節　格擋閃擊之術

格擋閃擊之術指的是交戰中當雙方僵持不下，陷入膠著狀態時，我方使用太刀進行反擊的一種招式。

格擋閃擊不是奮力反抗，也不是被動投降，而是靈活應對，先擋住敵人的太刀然後迅速出擊，通過格擋占領先機，然後刺殺，這點非常重要。

無論敵人的進攻多麼猛烈，只要我方做好隨時格擋的準備，掌握節奏，手中太刀就不會被對手壓制。這一點請充分領悟並多加練習。

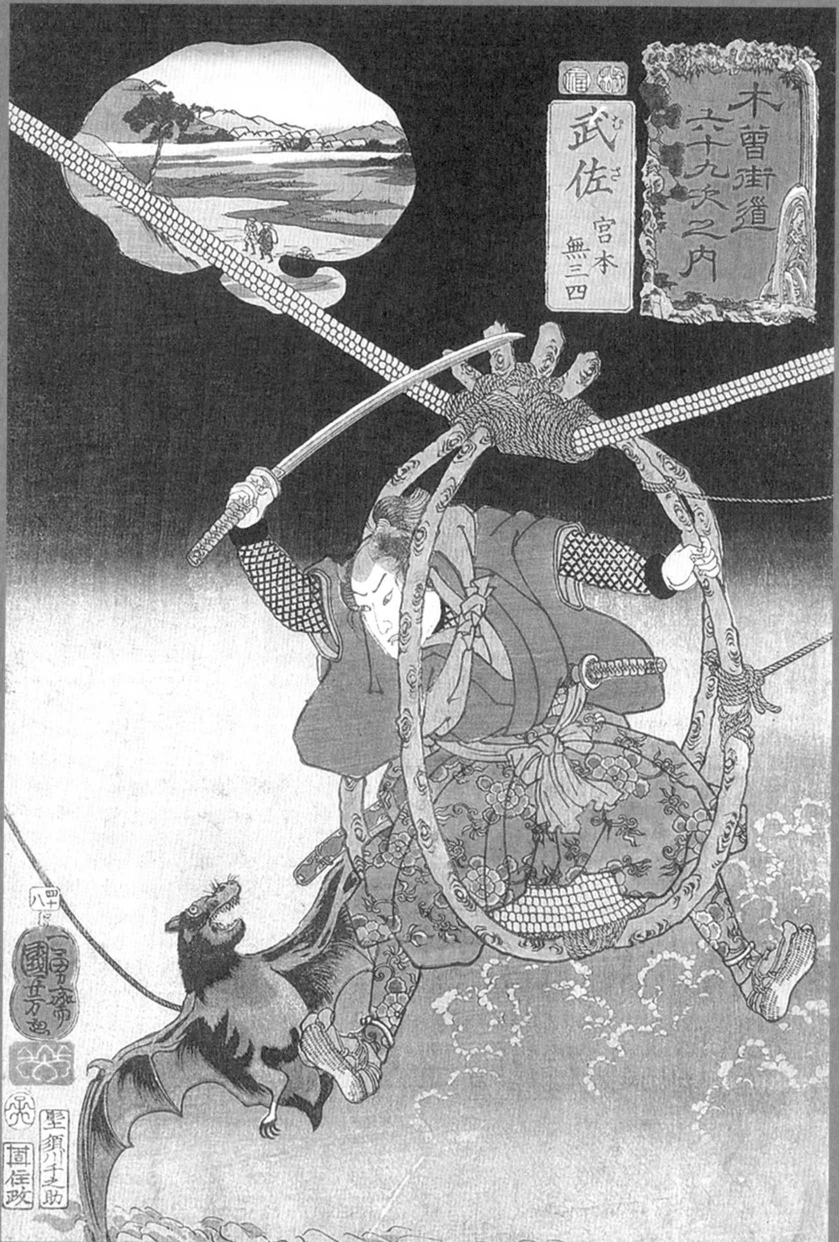
木曾街道六十九次之内
武佐
宮本無三四
一勇斎國芳画

第三十三節　以一敵多法

隻身對戰多個敵人時，應當左右手分別握住太刀和脅差，向兩邊伸展置於兩肋下方。

當敵人從四面八方進攻之時，需明白一定要把敵人朝同一方向驅趕過去，要注意分清哪些敵人先進攻，哪些跟隨其後。先擊敗首批之敵，同時注意觀察戰場的整體態勢和敵人的站位，左右手交替揮刀斬殺敵人。出刀時斬殺面前之敵，收刀時斬殺兩側之敵。

揮舞著太刀等待敵人進攻是不明智之舉，要迅速在兩肋處備好太刀的架勢，敵人一旦出現就要立刻強勢出擊，砍殺致其潰敗，然後再順勢砍向下一個即將行動的敵人。

在砍殺敵人過程中，最重要的是如驅趕魚群一般，一旦敵人陣形混亂，便要毫不猶豫、雷霆出擊。

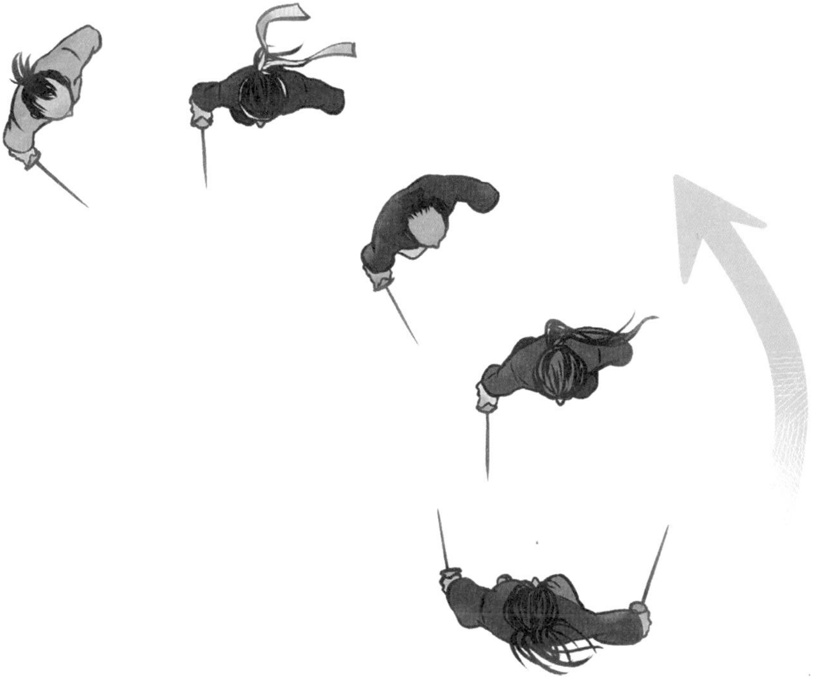

以一敵多法：如驅趕被捕的魚群一般

如果執著追擊，有可能陷於不利之地；如果一心想著等待敵人行動再出手，有可能延誤戰機。所以一定要洞悉敵人攻擊的節奏，辨明時機，一旦其自亂陣腳，便出手擊敗對方。

這種打法要求平日召集多人進行訓練，要習慣於有目的性地驅趕敵人。只要熟練掌握了這種感覺，無論是面對一個還是十個或甚至是二十個敵人，都可以輕而易舉擊敗對方。請多加訓練，好好體會。

第三十四節　戰之勝

所謂戰之勝，就是實戰中運用兵法，使用太刀，從而掌握獲得勝利的方法。這些內容只可意會不可言傳，必須通過反覆訓練才能自行體會。

這些方法包羅萬象，真正的兵法之道需在刀法中慢慢領悟。

第三十五節　一擊必殺

「一擊必殺」[37]是兵法中能夠切實取得勝利的招數。但是，如果不深入學習兵法，就無法體會到這一點的奧妙。

如果經常練習，那麼，兵法就會慢慢內化，成為能夠自由運用的自我意識，進而輕而易舉地取得勝利。請好好加以練習。

第三十六節　直通之心

直通[38]是指直接通達，領會真髓。所謂直通之心，指的是領會二刀一流真正的道，然後傳承下去。請務必好好練習，在實踐中體現兵法之道非常重要。

37 原文直譯為「一之打」，其意究竟具體何指，後世多有爭論。有學者認為這是類似某種儀式感的東西，指在進攻敵人時要懷有敬畏之心。

38 「直通」這個詞也是武藏流兵法中才有的詞彙。本處直譯。

水之卷後記

以上這一卷是二天一流派的劍法大綱。

在兵法中，要理解如何使用太刀戰勝敵人，首先要學會五種持刀的基本招式，身體需柔韌靈活，心思需自由敏銳，要掌握節奏，這樣自然而然就能熟練掌握太刀的使用方法，手腳也更加靈活，可隨心運用。於是從戰勝一個敵人開始，慢慢地可以單挑群敵，在戰鬥中了解兵法的優劣所在。請多加訓練所記載的每一個招式，在實踐中慢慢體會兵法的奧妙。但是，學習兵法不可操之過急，要時刻懷有學習的心，通過實踐去領會。無論與誰戰鬥，洞悉對方的心理十分重要。

千里之行，始於足下，一定要不驕不躁，沉下氣來，堅持修習兵法。需知修行是武士的職責，只要今天的自己強於昨日的自己，明日的自己能夠戰勝今日的自己，終有一日便可打敗武藝高強之人。

務必按照本書之奧妙專心練習，切勿墮入旁門左道，反受其害。

有時就算戰勝敵人，但是如果違背了師門教導的取勝方法，那就不能稱之為真正的兵法。明白這個道理，才可以一敵百。

如果能夠做到以上所講述的內容，之後只要通過劍術知識的學習和實踐，無論是單打獨鬥還是以一敵多，取勝都是水到渠成。千日練習曰「鍛」，萬日練習曰「煉」，請務必用心領會。

正保二年（一六四五年）五月十二日　新免武藏

寺尾孫丞殿

寬文七年（一六六七年）二月五日　寺尾夢世勝延

山本源介殿

火之巻

前言

在二刀一流的兵法中，把戰爭比作火勢，本卷記載的是實踐中有關戰術的應用。

首先，當今所謂的兵法家總是過於注重兵法中的細枝末節，有些人只知握拳揮掌的威力，有些人只知如何使用鐵扇，有些人只知使用竹刀操練一些容易上手的技巧藉以鍛鍊手腳。總之，他們都只重視那些有立竿見影效果的技巧。

與此相對，二刀一流的兵法，要求通過無數次的生死決鬥，讓練習者在生與死的經歷中體會兵法的精髓，了解劍術之道，通過不斷訓練學會克敵制勝。更何況，在戰場上全副武裝，上述那些微不足道的細枝末節，根本無法派上用場。在殘酷的戰場上，也不允許武士去思考這些雕蟲小技的作用。

如果在決一生死的戰場上能夠切實體會到以一敵五甚至以一敵十的方法，也就能掌握千人戰勝萬人的兵法。請好好體會。

平時訓練中，召集千人或萬人共同模擬大戰是不切實際的，但是就算一個人手持太刀單打獨鬥，也要努力洞悉敵人的策略，知曉敵人的實力和戰術，運用兵法的力量，掌握戰勝千軍萬馬的技巧，從而成為兵法之道的大方之家。

究竟這天下誰能真正習得我二天一流派的兵法之道呢？我堅信總有人可以通過毫不倦怠的鍛鍊，獲得大自在的奇妙力量。這就是武士修行兵法應持有的決心。

注解

前一卷《水之卷》記載了太刀的基本使用方法，本卷《火之卷》主要記載實戰中戰術應用篇。火勢兇猛時具有破壞一切的力量。宮本武藏流派的兵法就是像火勢一樣具有破壞性的戰鬥術，因此把戰爭比喻為火。水是自由自在的，火的形態也是變幻莫測。火隨著風勢可大可小。戰場上，無論是一對一的決鬥還是千軍萬馬的廝殺，道理都是一樣的。同時，宮本武藏指出，世人總是拘泥於兵法的細枝末節，宮本武藏流派則摒棄這種做法。

第一節　占據有利地形

戰鬥時，是否占據有利地形至關重要，其中一條判斷標準就是是否「背陽」。也就是說要背對著太陽，如果有些場合無法做到，那就讓太陽處於自身右側。

在室內時，要讓光源位於身體背後，無法實現這一點，就讓光源位於右側，這和前述道理是一致的。為了不讓自己腹背受敵，要儘量在身體左側留出足夠寬敞的空間，右側的位置則不要留有太多空間。

夜間作戰，在敵人視線可及之處，要把光源置於身後或者右側，這和前面所述的道理一致。站位時務必注意。

另外，戰鬥時儘量讓自己處於地勢稍高的位置，這樣就可以俯視敵人，有利於觀察情勢和預測變化。如果是在室內作戰，上座就是高處，因為上座的地板略高於其他地方。

雙方交戰中，追趕敵人時，要把敵人往其身體左側不利於後退的位置驅趕。無論在任何場合，這都是非常重要的。

背對著光源

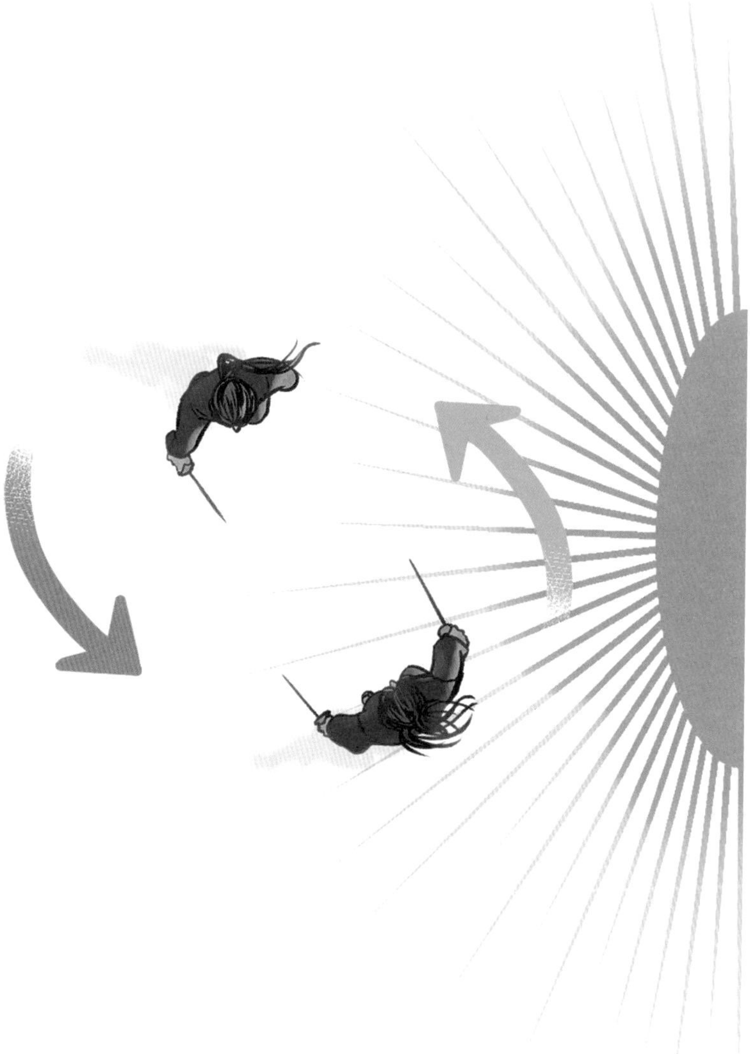

讓光源處於身體右側

當敵人身處險境，要一鼓作氣追趕下去，不要留給敵人查看周圍情勢的機會。如果在室內，要把敵人往門檻、門楣、門窗隔扇或者走廊、柱子等處驅趕，都是為了不讓敵人有觀察周圍空間的視線。

無論任何時候，追趕敵人時，如果遇到不利地形，一定要化害為利，充分利用地形特點，占領先機，這點非常重要。請好好體會並多加練習。

第二節　三種先機

以下三種情況應搶占先機：

第一，當我方先向敵人發動進攻時，這稱為「懸之先機」；

第二，當敵人向我方發動進攻時，這稱為「待之先機」；

第三，當敵我雙方同時發動進攻時，這稱為「體體之先機」。[39]

39 此處宮本武藏所提的三種先機都採用直譯的方法。第三種「體體之先機」，這種命名方法可以讓人聯想到敵我雙方肉體激烈衝突的場面。也有譯作「對對之先機」。

無論任何形式的戰鬥，在最初階段，無外乎就是以上三種先機。有時，贏得先機便意味著勝利。在兵法中，先機至關重要。先機的內涵十分豐富，在實戰中究竟要搶占何種先機，最關鍵在於因地制宜，洞悉敵人意圖，充分發揮兵法的智慧，但關於這一點無法用文字完整地詳細說明。

第一，懸之先機。當我方意欲向敵人發動進攻，不可冒進，要靜待時機然後再迅速出擊。身如閃電而心如磐石。一旦逼近，要全力出擊，內心不動如山，一心殺敵。總之，強大的內心是取勝的關鍵，這些就是「懸之先機」。

第二，待之先機。當敵人向我方發起進攻時，我方可先稍稍示弱，但敵人一旦靠近，要爆發出強大氣勢，抓住敵人進攻節奏變化的空隙，立刻反擊。這時敵人可能會措手不及，出現疲軟之勢，便趁機一舉拿下。這就是「待之先機」。

第三，體體之先機。當敵人發動攻擊時，我方應不驕不躁地強勢應對。對方靠近時，要立刻做出以死相拚的架勢。敵人一旦略微遲疑、出現疲態，便猛烈出擊。如敵人緩慢接近，我方要稍微移動身體，誘敵深入。要根據實際情況選擇合適的戰術，這就是「體體之先機」。

以上三種先機，無法用文字完全說明。希望各位能仔細斟酌，用心體會。要根據戰場實際情況靈活運用，盡可能由我方發起進攻，以掌握先機。

所謂先機，在任何場合都是兵法制勝的智慧，請務必好好鍛鍊。

第三節　壓枕法

所謂壓枕法，原指壓制對手讓他無法抬頭，這裡即是壓制對手，令其無法反抗之意。在兵法中，取勝關鍵在於我方要占據主動權，讓敵人隨自己的意願而移動。

但實際交戰中，雙方都會有此打算，所以如果無法及時覺察敵人出動的方位，就無法搶占先機。在兵法中，要格擋敵人的砍劈，要壓制敵人的刺殺，敵人若群起而攻則要各個擊破。當你領會了兵法的真髓，與敵人交鋒時都可以提前看穿敵人的意圖。如果敵人準備砍劈，在他動這個念頭之時就立刻壓制住他；在敵人剛想到「進」這個字時就擋住他；當敵人準備刺殺時，在他剛想到「刺」這個字就壓制住他，這就是壓枕法。還有一點非常重要，當敵人向我方出招時，若這招不會有實際威脅就任其施展，我方只需去壓制那些真正有威脅的招數，將其扼殺在萌芽之中。

在實戰中，若總是思索如何「壓制對手，化解招數」，那就如同等待敵人出手後才反應，已然落於下乘。首先，我方每一步都要充分運用兵法之道，如果敵人也欲施展手腳，則要將其壓制於未發的狀態。要讓敵人的任何企圖都無法發揮作用，讓敵人被我方牽制，這才是真正的兵法大家。這些都是不斷實踐的成果，請一定好好學習。

注解

前兩節，宮本武藏主要強調搶占先機的重要性。不僅僅在兵法中，在工作、生活中的任何場合，搶占先機都是非常重要的。

第四節　津渡

所謂津渡，指的是渡海時，有的像瀨戶內海[40]這樣的海峽，距離不遠但困難重重；

有的海峽則長達四、五十裡[41]，風險難測。人活一世，需要克服眾多困難，越過重重難關。

在航海時，只要知道方位和船隻的性能優劣，了解天氣狀況，即便是孤舟漂泊，也可以根據當時的狀況，充分利用側向風或者船尾風來航行。就算有時中途風向突變，完全不依賴風力，奮力搖櫓堅持二、三裡路，懷有一顆必達目的之心奮力前進，也能實現安全橫渡海峽的目標。

人活在世上，必須有這種拚盡全力實現目標的意志。

在兵法之道中，克服困難努力渡過難關的意志非常重要。了解敵人的狀況，正確評估自己的能力，運用兵法之道的智慧去克服各種危機，這和優秀的船長克服困難渡過海峽是一樣的道理。

40 瀨戶內海位於日本本州、四國、九州之間，東西長約四百四十公里，南北闊約十五至五十五公里，是日本最大的內海。自古以來航運發達。有些航段水深浪急，航海困難。

41 「裡」是日本古代的長度單位，現已廢除使用。一裡大約折合三點九三公里。四 五十裡約一百六十至二百公里。

只要克服了困難，之後就是康莊大道。因為這會讓敵人膽怯，讓我方占領先機。無論是群戰還是單挑對決，這都非常重要。關於這一點請好好研究。

第五節　洞若觀火

所謂洞若觀火指的是在戰爭中，要觀察敵人是士氣高漲還是萎靡頹廢，要掌握敵人的部隊編制和人數，根據實際情況決定我方應出動的人數和戰術，結合兵法的智慧，確保採用必勝的策略，搶占先機。

而在一對一的決鬥中，要充分知曉敵人的戰術特點，了解對手的個性，試探對手的長處和短處，出其不意發動攻擊，抓住敵人攻擊節奏間隙搶占先機。

只要擁有足夠的智慧，就不難看清事物的形勢。對兵法運用自如，能夠深刻揣摩敵人的內心，自然能夠悟出多種取勝的方法。這需要多下工夫。

第六節　踏劍法

踏劍法是兵法中獨有的比喻說法。

在大型戰役中，敵人一般使用弓箭或者鐵炮試探，然後發起正式攻擊。此時，我方若花費時間準備，敵人又已上好弓，裝好炮，準備新一輪進攻。這樣，我方是無法突破敵人陣營的。

因此，面對敵人的弓箭和鐵炮，要不畏犧牲，迅速向前，如果能及時做出攻擊，敵人就沒有充足時間上弓、填炮。當敵人進攻時，要坦然面對，阻斷敵人進攻並將其擊潰。

一對一的決鬥中，如果在敵人出刀後才回擊，那就慢了一拍，將會處於被動挨打的局面。面對敵人揮舞的太刀，要以用腳踏平劍的堅決心態一舉克敵，讓敵人無法發起二次進攻。

踏劍法中的「踏」，不僅僅是用腳踏，而是要用整個身體，全部的意志壓制對方。當然工具是手中的刀，注意一定要一舉而勝，讓敵人沒有再次出手的機會。但是，這並非指與敵人正面過招，而是在其攻擊瞬間毫不猶豫採取反制行動。這一點請好好學習。

注解

本節中宮本武藏指出在對決時最重要的是，要用整個身體乃至全部的意志壓制對方，如果僅僅依靠太刀就無法順利斬殺敵人。真正讓太刀發揮作用的不僅僅是腳，更是整個身體和心志。這就是禪宗所說的「身心一如」。

第七節　一擊而潰

凡事都有衰敗的時候。房子有破舊坍塌之日，身體有年老力衰之時，敵人有敗潰之機。這些都是因為事物內部節奏紊亂，導致全面崩潰。

在大會戰中，不要錯失良機，要把握敵人潰敗的節奏，趁勢追擊。如果錯失敵人

英雄六家撰
楠正行
一勇齋國芳画
横川彫竹
廣小路 林庄板

潰敗的關鍵時刻，他們就會重整旗鼓，捲土重來。在一對一的決鬥中，也是同樣如此。

因此，要敏銳捕捉敵人落敗的跡象，徹底追擊直至其全面潰敗。追擊敵人時，要一鼓作氣猛烈攻擊。請務必好好體會「全線崩潰」這個詞，如果對敵人有任何手下留情的想法，便會拖泥帶水，造成不利的局面。這是需要下工夫去體會的。

第八節　易地而處

所謂易地而處，指的是站在敵人的角度，亦即換位思考。

縱觀世間，普通人面對強盜或者竊賊，都會認為他們是窮凶極惡之人。但是如果站在盜賊自己的角度來看，他們自己卻是過街老鼠，隨時準備逃遁。作為盜賊，其內心是恐懼而絕望的，處於前有追兵、後有堵截的四面楚歌之境。

防守一方是籠中之鳥，進攻一方是展翅雄鷹，請一定好好體會這一點。

在戰爭中，往往會認為敵人非常強大，因為畏敵而變得消極。但是，一定要堅信我方兵強馬壯，深諳兵法之道，定會一舉打敗敵人。這一點請好好體會。

第九節　另闢蹊徑

當戰爭陷入僵局時，要採用其他戰術力求勝利。

戰爭一旦陷入僵局，軍心就有可能發生動搖。這種情況下應儘早改變戰術，出其不意向敵人發起進攻。

在一對一的決鬥中，一旦發現戰鬥陷入僵局，要立刻改變戰術，觀察敵人情況，根據實際情況，因地制宜採取各種手段力求獲勝。這一點非常關鍵。

第十節　打草驚蛇

打草驚蛇是無法看清敵人真實意圖時採用的方法。

當無法窺探敵人意圖時，我方應佯裝要強勢攻擊，以試探敵人的應對手段。便能知道敵人所要採用的戰術，我方就可以根據實際情況再加以應對。

另外，在一對一的決鬥中，如果敵人採用把太刀放在身後或者兩肋間這種非常規戰術，我方就不容易看清敵人的意圖。此時若是佯裝攻擊敵人，從對方的反應中就可窺見敵人的意圖，從而採取適當戰術全力克敵。如果我方稍有鬆懈，戰機轉瞬即逝。請好好體會。

第十一節　先發制人

先發制人是指在清楚知道敵人意圖時所採用的戰法。戰鬥中，要用強大的氣勢壓制住敵人的攻勢，使對方受挫而內心慌亂。這時，我方也應當適時轉變心態，調整戰術，一舉克敵。

在一對一的決鬥中，面對士氣高昂的敵人，要善於把握敵人的節奏壓制對方，當敵方出現疲態之時，就是我方出擊之時。應好好利用一舉獲勝。這一點請好好體會。

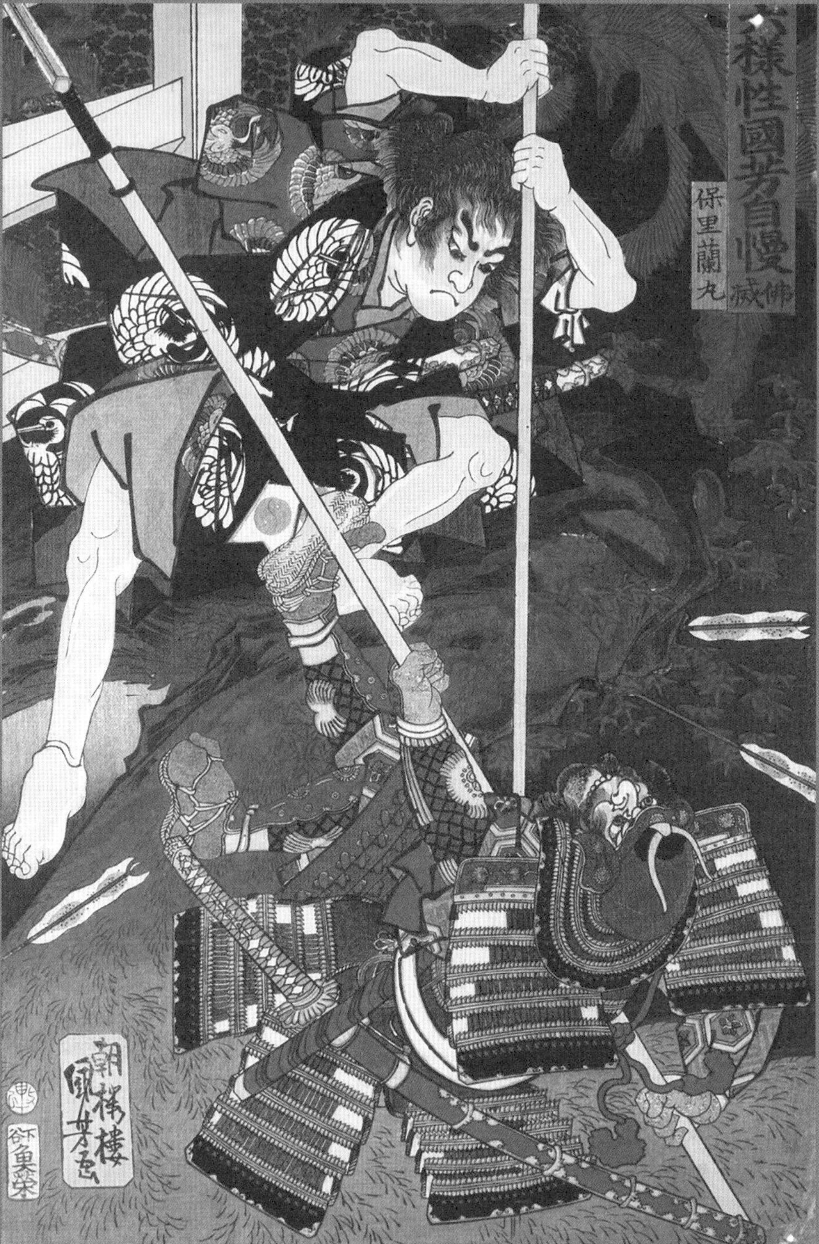
性國芳自慢
滅佛
保里蘭丸
朝櫻樓國芳画
谷下魚栄

第十二節　轉移傳染法

凡事都會轉移傳染。一個人困倦了，這種情緒會傳染給別人；一個人打呵欠，周圍的人也會不自覺打呵欠。時間的消逝感有時也會感染。

在戰爭中，當敵人的慌亂無法平靜，急躁不安時，我方應佯裝毫不知情，平常應對。如此，敵人就會誤認為我方也處於消極狀態，而鬆弛懈怠。一旦這種氣氛成功傳染到敵人身上，我方應抓住時機，快速、強勢攻打敵人以求獲勝。

另外，迷惑敵人也是同樣的道理。我方或佯裝產生厭戰情緒，或表現出焦躁不安的樣子，或向對方示弱，這些都是迷惑敵人，甚至將這些負面情緒傳染給對方的方法。關於這些內容請仔細揣摩。

第十三節　擾亂敵心

人的內心在很多情況下都會產生動搖。比如遇到危險的情況，比如遇到棘手的問題，比如遇到意料之外的事情。這一點應好好研究。

戰爭中，應設法動搖對方。出其不意攻其不備，在敵人驚魂未定之時，乘勝追擊、一舉獲勝，此點至關重要。

另外，在一對一的決鬥中，一開始要緩緩進攻，然後突然發起猛烈攻擊，此時敵人內心必然發生動搖。在敵人還未回神之際，趁熱打鐵獲得勝利，這一點十分重要，請好好體會。

第十四節　震懾術

人總有膽怯不安之時，容易被一些意外之事所震懾。

在戰爭中，震懾敵人並不僅限於肉眼所能看見的事物，有時候可以利用聲音威嚇敵人；有時候雖然兵力不足，但可假裝人數眾多來唬住敵人；有時可以從側面出擊，攻其不備。總之，要緊緊把握敵人恐懼的節奏，利用這些機會獲得勝利。

在一對一的決鬥中，也是同樣如此，可以利用強壯的身體震懾敵人；可以利用聲音威嚇敵人；可以出奇招攻擊敵人。最重要的還是趁敵人恐懼之時，發起攻擊獲得勝利。關於這一點請好好體會。

第十五節　混戰法

所謂的混戰法指的是當敵我雙方短兵相接、勝負難分之時，如果戰局無法朝著自己希望的態勢發展，那就索性將部隊和對方混雜到一起，亂中取勝。

無論是群戰還是單挑，如果敵我雙方涇渭分明又爭得你死我活、難分勝負時，宜採用混戰法，先和敵人混雜在一起，然後把握最好的時機，採用最優戰術力，求一舉克敵，這一點十分重要，請一定好好體會。

第十六節　攻擊弱點

面對強大的敵人，正面強攻的難度太大，此時宜採用攻擊相形之下較弱的突出部位的戰法。

在戰爭中，首先要看清敵人的陣勢，攻擊其脫離本陣的突出部隊，如果首戰告捷，敵人的整體士氣就會被削弱。只要不斷對敵人的突出部隊予以打擊，我方就有獲勝之機。

在一對一的決鬥中，如果不直接攻擊敵人的軀幹部分而是攻擊身體中突出的部分，比如手部或者足部，那麼敵人就會逐漸喪失戰鬥力，這樣就很容易獲得勝利。請好好研究其中的奧義，並深刻理解其獲勝之道。

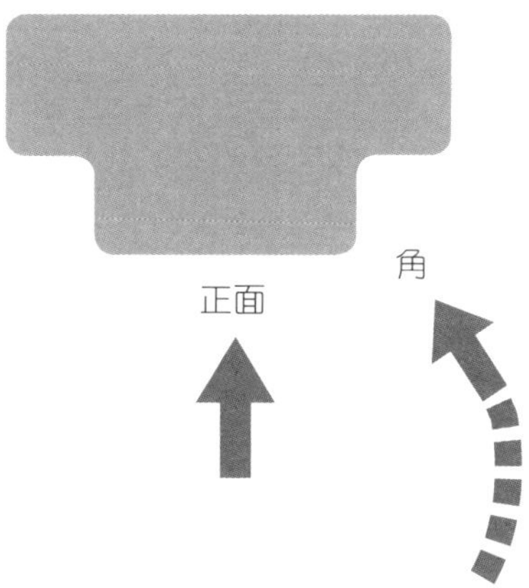

攻擊突出部

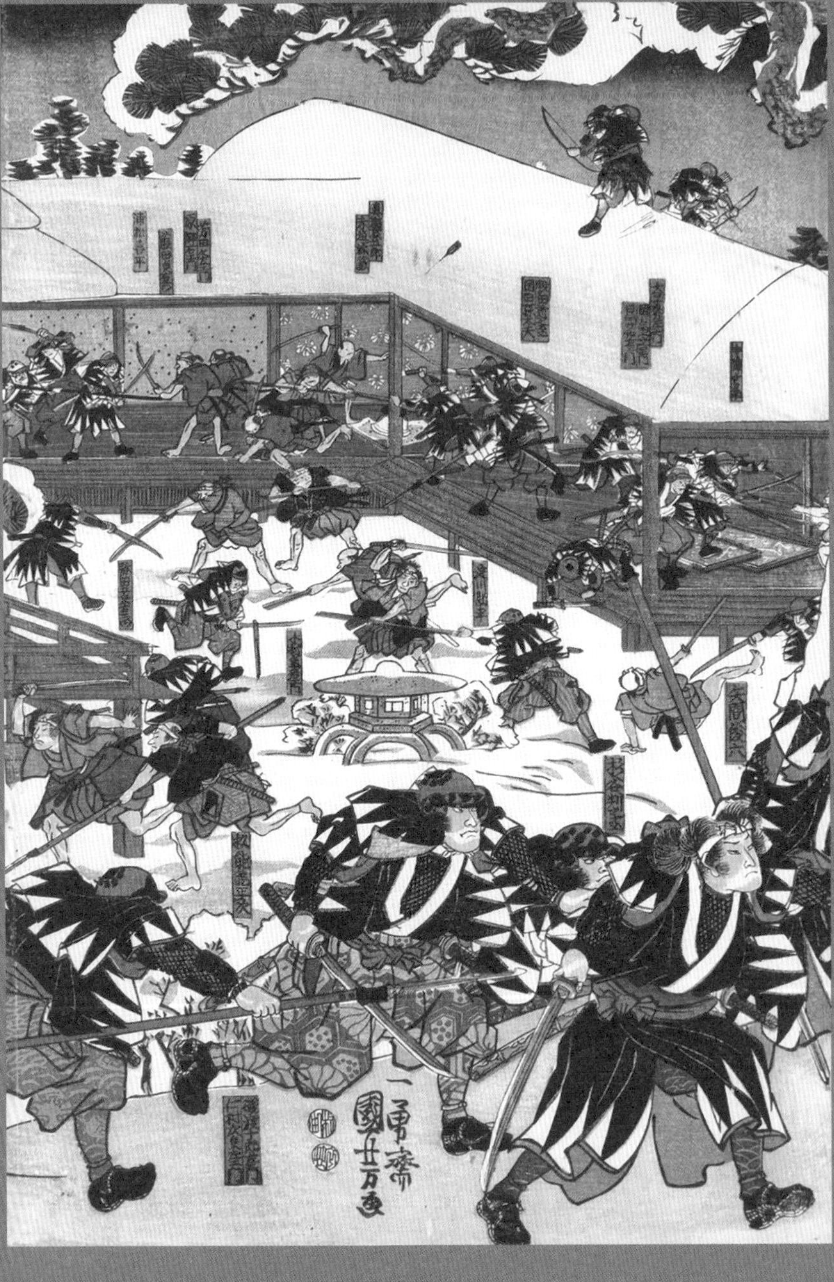
一勇斎國芳画

第十七節 彷徨法

彷徨法指的是讓敵人心神迷亂的方法。

在戰場上，需識破敵人的意圖，運用兵法智慧，讓敵人心思迷亂，舉棋不定，患得患失。此時，要抓住敵人彷徨的時機，採用合適的戰術打敗敵人。

同樣，在一對一的決鬥中，要善於把握時機，採用各種戰術虛張聲勢、迷惑敵人，時而佯裝進攻，時而作勢刺殺，趁敵人彷徨之時，一舉克敵，這是戰鬥的要訣。

這一點請務必用心體會。

第十八節 獅子三吼

獅子三吼指的是在戰鬥的開始、中間、結束三個階段發出的不同吼叫。根據不同的時間和場合發出不同的吼叫，可以顯示個人氣勢，即便面對火災、風災、大浪也不用畏懼。

戰爭最初階段的吼聲，應盡可能大聲喊出，以氣勢壓倒對方。中間階段的吼聲應盡可能壓低聲調，以丹田之力發聲，集中主要精力攻擊敵人。戰鬥結束時，吼聲要強勁有力。這就是我們所說的「獅子三吼」。

在一對一的決鬥中，為了誘惑敵人出招，應先大吼一聲，隨即揮起太刀發動攻擊，在擊敗敵人後再大吼一聲，此為宣布勝利的聲音。這稱為「後發之聲」。

但是，在揮砍太刀的同時大聲吼叫是不可取的。在戰鬥過程中的吼叫是為了穩定自己的進攻節奏。這一點一定要清楚了解。

第十九節　迂迴攻擊

戰爭中，如果雙方勢均力敵，處於對峙狀態，而敵人又非常強悍，此時不可硬攻，應集中力量攻打敵軍的某一處，當此處敵軍疲軟潰敗，立刻轉攻敵方其他強勢的地方。這種戰術就像是在走羊腸小徑一般，在曲折中前進。

面對群敵，上述方法十分重要。要對某個方向的敵人發起進攻，當敵人退縮時，轉向攻擊別處強悍的敵人。要善於把握戰鬥的節奏，時而攻擊左側，時而攻擊右側，要以走曲折山路的心態，觀察敵人的情況然後予以攻擊。在了解敵人實力的基礎上，一鼓作氣發起猛烈攻擊，絕不退讓，直至取得勝利為止。

當一個人面對群敵，或當敵人無比強大之時，都應有上述心態。雖然戰局困難，但是絕不退縮，在曲折中堅決向目標前進、戰鬥。這一點請好好體會。

第二十節　粉碎攻擊

粉碎攻擊指的是就算敵人看起來很弱小，我方也應當強勢面對，一舉擊敗敵人，片甲不留。

在戰爭中，當看清敵人勢單力薄，或者就算對方人數眾多，但是士氣低迷、戰鬥力薄弱時，便立即趁機攻擊，將敵人一舉擊潰。否則，敵人有可能捲土重來。因此，戰鬥時要把敵人當作手心的螞蟻一樣徹底粉碎，這一點請好好體會。

在一對一的決鬥中，面對經驗不足的敵人，或者敵人自身亂了陣腳時，一定不要留給對方喘息之機，不可手下留情，要將敵人徹底擊敗。關於這一點請好好體會。

第二十一節　山海變幻

山海變幻指的是在和敵人對決的過程中，不要重複使用同一招式。即使有時候不得不第二次使用，但是絕不可使用第三次。

在出招時，如果第一次被敵人破解，那麼，再次使用相同招式是不會有效果的。這時應使用其他招式，如果還是未能起效，那就應當果斷更換新的戰術。

因此，當敵人以為是「山」時，我方採取「海」術；當敵人以為是「海」時，我方採取「山」術。一切攻擊都要讓敵人始料不及，這就是兵法之道。請好好體會。

和漢準源氏
かゞり火
日本武尊
一勇斎國芳画
彫庄治

第二十二節　釜底抽薪

和敵人戰鬥時，有時候招式上已經獲勝，但這僅僅是一種表象，因為敵人尚存戰鬥意志，並未完全放棄認輸。

此時應當乘勝追擊，徹底粉碎敵人反擊的念頭，讓其徹底崩潰，放棄抵抗。這種釜底抽薪的方法，根據不同的場合有不同的運用，不可一概而論。有時候可以利用太刀徹底擊殺敵人，有時候可以利用身體震懾敵人，有時候則可以從心理上摧毀敵人。

要讓敵人徹底崩潰，不留任何幻想，我方千萬不可存任何慈悲之心，要毫不留情徹底消滅對手。換言之，只要我方有一絲遲疑，敵人就難以徹底潰敗。無論是群戰還是一對一的決鬥，請好好練習這種釜底抽薪的方法。

第二十三節　推陳出新

推陳出新法指的是當戰爭進入膠著狀態時，要放棄先前的戰術，要有從頭開始思考的覺悟，抓住節奏，果斷採取新的招數，力求獲勝。

戰鬥中把握改變戰術的時機非常重要。只要有兵法的智慧，就能迅速明白。關於這一點請仔細體會。

第二十四節　鼠頭馬首

鼠頭馬首指的是在和敵人對決的過程中，當戰鬥陷入僵局時，一定要記住兵法之道中所強調的「鼠頭馬首」。學會利用將細節化小為大或化大為小，透過觀點的立即改變掌握戰鬥主動權。這就是兵法中所說的一種心理戰術。

無論單一或群體的對戰，武士要時時刻刻把「鼠頭馬首」記在心裡。關於這點請仔細體會。

注解

本節中武藏指出作為武士應當兼備老鼠的謹慎細心和駿馬的膽識。如果不具備這兩者，就很難在戰鬥中取勝。如果只有謹慎細心，那就容易變得懦弱；如果只有膽量，就容易魯莽行事。只有兩者兼備才有可能成為一名優秀的武士。這不僅僅適用於兵法，想要活出精彩的人生亦如此。

第二十五節　統敵如兵

統敵如兵指的是無論什麼場合的戰爭，要讓戰局按照自己的意願發展，不斷實踐統領士卒的方法。運用兵法的智慧，把所有的敵人當成自己的士兵，讓敵人按照自己的指示行動，自由操控敵人。

如果能做到這一點，那麼自己就成了統帥，敵人就成了士卒。請好好體會。

第二十六節　心中無刀

「心中無刀」具備多層涵義。不使用太刀也有取勝的方法，使用太刀也有可能無法獲勝。其中內涵豐富，無法用文字一一說明，唯在實踐中慢慢體會。

第二十七節　磐石之身

磐石之身指的是如果習得兵法之道，就會變得跟岩石一樣堅不可摧，無論身處何時何地，面對何種形勢都不會被擊敗，心如磐石，絕不動搖。

注解

磐石之身即不動之身，是心靈、技巧、身體完全合一的狀態，只可意會不可言傳。不動並非指身體紋絲不動，而是無論對方如何，面對任何情況都不分心。不動不是指跟木頭、石頭一樣固定於一處，而是心靈能夠向前、後、左、右各個方向自由流動，是不動的智慧。

火之卷後記

以上為我在實踐二天一流劍術過程中的心得。這是我首次總結兵法的取勝之道，前後邏輯可能會有混亂，無法鉅細靡遺地記述。但是我希望這些內容可以成為想學兵法之道的入門指南。

我自幼醉心於兵法之道，也親身體驗劍術技巧，積累豐富戰鬥經驗。在我看來，有的流派不過是停留於口頭的華麗說辭，有的不過是招式上的雕蟲小技。這些在一般人眼裡看來似乎頗有可取之處，但在我眼裡，沒有任何實質性的內容，可以說是空無一物。

當然，有些人認為，只要不斷實踐這些小技巧，也可以達到修身養性的目的。但是，這些華而不實的劍術已經成為兵法之道的弊病，對後世產生了不良影響，導致真正的兵法之道因此失傳。

真正的劍術是與敵人戰鬥時取勝的方法，別無他物。學習本流派兵法的智慧，實踐正確的兵法之道，才是獲取勝利的正道。

正保二年（一六四五年）五月十二日　新免武藏

寺尾孫丞殿

寬文七年（一六六七年）二月五日　寺尾夢世勝延

山本源介殿

風之卷

前言

在兵法之道中，了解其他流派的特點也很重要。本章《風之卷》記載的是其他流派的所謂兵法。如果不了解其他流派的特點，也就無法準確理解「二天一流」派的真正內涵。

縱觀其他流派的所謂兵法，有的使用長太刀，標榜其力量強大；有的使用短太刀；有的使用的太刀數目眾多，標榜使用太刀的招數為其奧妙所在。本文將明確批判上述流派，希望讀者能因此明白兵法的優劣，去蕪存菁。「二刀一流」的兵法與他們完全不同。

其他流派把武藝之道作為謀生的手段，把花俏的技巧作為噱頭來吸引學習者，這些皆背離真正的兵法之道。有些流派把兵法之道局限於劍術，通過練習招式提升技巧，以獲得勝利，這些也都不是正確的兵法之道。

本卷將一一記載其他流派的不足之處，請仔細體會。希望你們能好好學習「二刀一流」派的兵法之道。

第一節 偏愛長太刀的流派

在五花八門的流派中，有一些流派偏愛使用長太刀。在本派看來，這是膽小懦弱者的兵法，他們完全不明白在不同場合有著不同的取勝方法。此流派認為，太刀的長度是致勝關鍵，倚仗其長度讓敵人無法靠近，以此獲勝。

世間的確有一種說法，「一寸長一寸強」。但這只不過是不懂兵法之人的說辭罷了。認為只要憑藉太刀的長度，就可以從遠處攻擊敵人獲勝，這都是內心膽怯所致，可以稱之為弱者的兵法。如果敵人靠近，糾纏在一起時，太刀越長就越難自由揮動，這時太刀反而成為一種負擔，使用短刀反而更有優勢。

偏愛長太刀的人自有一番說辭，但這些不過是他們的詭辯罷了。倘若沒有攜帶長太刀，只能使用短太刀時，就必敗無疑嗎？

另外，有些戰場形勢使然，上下左右的空間有限，或者有些場合只能使用脅差，這種情況下若還想使用長太刀，就是不相信兵法，戰鬥將十分不利。還有一些人因為力氣不足，無法使用長太刀。有句古話說，「大中有小」，我們並非一味反對長太刀，只是反對過分執著長太刀的想法。

在兩軍交戰時，長太刀相當於人數多的一方，短太刀相當於人數少的一方。戰場上常有寡眾相爭的情況，而以少勝多的例子則不勝枚舉。

本流派反對這些狹隘、只偏頗某一種刀類的觀念，請一定好好體會。

第二節　偏愛剛猛風格的流派

太刀本身無所謂強弱，非常強勢揮砍太刀反而可能成為敗筆。想依靠蠻力獲勝並非易事。另外，有時自認為太刀很強大，在砍殺敵人時卯足了勁反而可能適得其反；試探揮刀時，用力過猛並不可取。

在與敵人交鋒時，不應當考慮揮刀力道的大小。也就是說，在一心想置敵人於死地時，不應當考慮使用何種力道，而只考慮如何才能擊殺敵人。

另外，使用太刀時如果力道過大，兩刀猛烈撞擊，原先緊張的身體更容易失去平衡，從而落敗。太刀也有可能因此折斷。因此，揮舞太刀時力道太大並不可取。如果

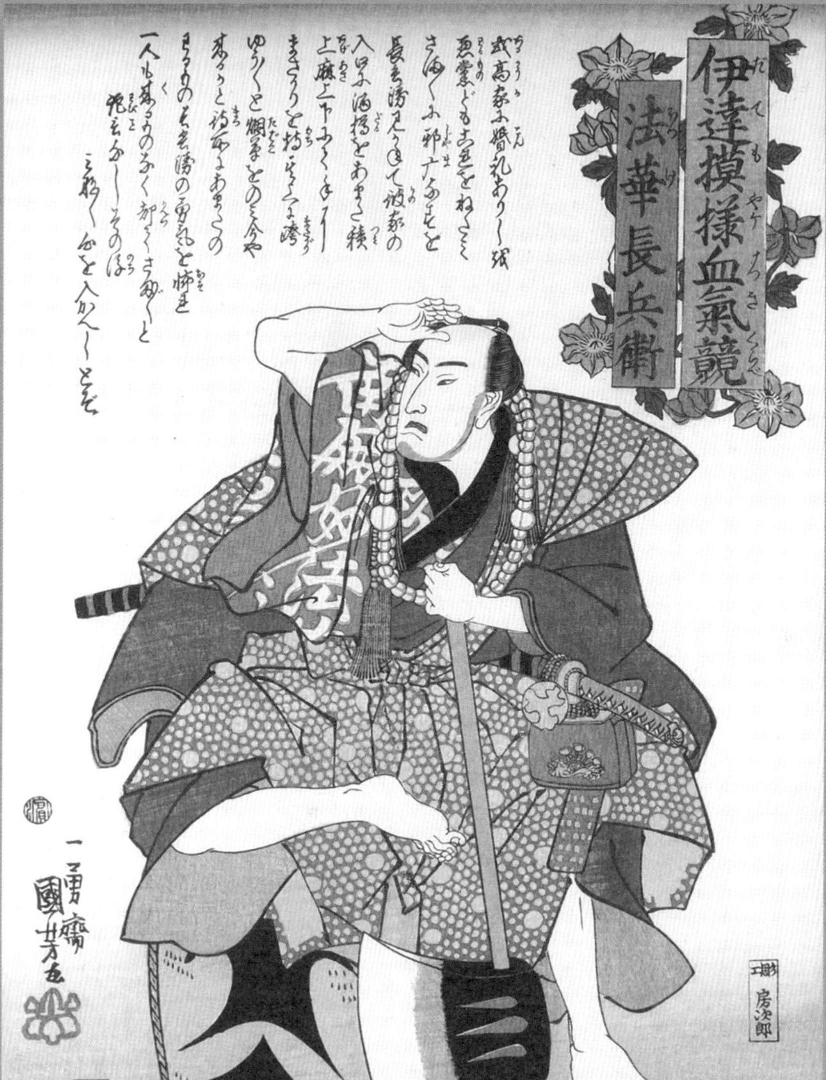
伊達模様血氣競
法華長兵衛
一勇齋國芳画
彫工 房次郎
村市

用兩軍交戰來比喻的話，強勢一方如果想硬攻獲勝，敵方自然會考慮請來更強大的援兵，這樣勢必發展為一場惡戰。兩者的道理是一致的。

在戰爭中，沒有正確的戰術不可能取勝。本流派兵法，從不做勉為其難的事，而是運用兵法的智慧思考如何獲勝。請好好體會。

第三節　偏愛短太刀的流派

有些流派只使用短太刀求勝，這並不是正確的兵法之道。自古以來太刀就有長短之分。一般情況下，身強力壯之人可以輕鬆使用長太刀，他們沒有必要特地使用短太刀。同理，他們也可以使用長槍和長太刀以凸顯自身優勢。

偏愛使用短太刀流派的習武者，他們緊盯敵人揮砍太刀的間隙，隨時準備貼身刺殺敵人，這種戰術有明顯缺陷，並不可取。

在戰鬥中，如果一心瞄準敵人喘息的間隙，就會非常被動，戰事很容易陷入僵局。另外，憑藉一把太刀貼身肉搏的方法，在面對大軍時是不適用的。

只會使用短太刀的人，面對群敵，即便想砍殺敵人，也需不停在周圍遊走尋求戰機，因此十分被動，很容易被敵人糾纏而無法脫身，這不是正確的兵法之道。

同樣是戰場上，我方身強體壯，氣勢如虹正面攻擊敵人，圍追堵截、跳躍砍殺，這些能夠真正獲得勝利的方法才是最重要的。

世人在學習兵法時，總是醉心於練習格擋、交手、逃脫、潛伏等細枝末節。但是這很容易陷入被動，被敵人追擊。兵法之道必須堂堂正正，讓敵人跟隨自己的節奏，運用正確戰術去戰鬥。這點十分重要，請好好體會。

第四節　標榜五花八門招式的其他流派

有一些流派的兵法之道向學習者傳授五花八門的太刀招式，這種做法本質上是把兵法學習作為一種交易對待。通過標榜其太刀的花俏招式，讓初學者產生錯覺以為他們是行家，殊不知這些伎倆都是兵法大忌。

一般人都認為殺敵有各種各樣的方法，但實際上這是一種錯誤的認識。世上並不存在特殊的殺敵方法。無論是否通曉兵法，無論婦孺老少，殺敵的方法無非砍、打、敲、斬，加上突刺或者橫砍。總之，兵法之道中不存在多種殺敵的方法。

但是，有時候因為空間的限制或者情勢所迫，比如上部空間或者兩肋空間受限，為了能夠自由地使用太刀，兵法之道研究出五種握刀手法，即所謂的「五方」。除此以外，擰手、扭身、飛躍等砍殺敵人的方法都不是兵法的正道。通過扭、撚、跳等方法無法擊殺敵人，這些都不是有效的方法。

本流派的兵法，強調身心皆「直」，即身體要挺直，擺正攻擊姿勢，內心要端正，毫不畏懼。這樣才能有效打擊敵人，使其自亂陣腳，聞風喪膽，同時趁著敵人驚慌失措之時，趁熱打鐵一鼓作氣殲滅。這一點非常重要，請一定好好體會。

第五節　拘泥於太刀招式的流派

有些流派非常重視太刀的招式，這也不是正確的兵法之道。一般情況下，只有非實戰的場合才講究所謂的招式。從古至今，從無依靠固定招式的取勝之道，唯有一往

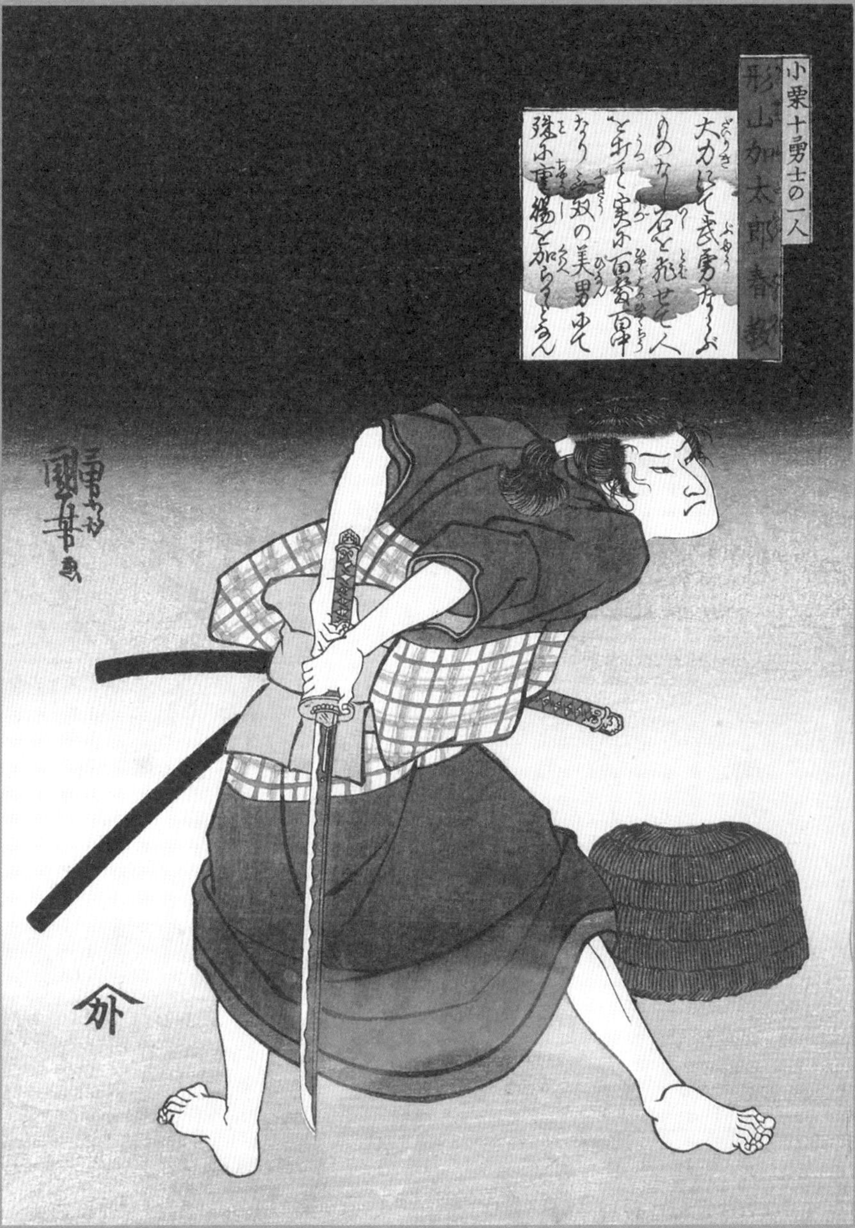
小栗十勇士の一人

無前奮力擊敵而已。

擺出架勢是一種防備，是為了抵禦其他事物的影響。比如高築城牆、佈陣，這都是為了在遭受攻擊時能不受影響、穩如泰山。但是兵法之道中取勝的關鍵在於先下手為強，防守其實是一種消極等待戰機的狀態。關於這一點請好好體會。

兵法的勝負之道在於破解敵人的招式，趁敵不備發起攻擊，讓對方驚慌失措，然後趁敵人混亂之時一舉克敵。因此，招式本質上是被動的防守，不值得推崇。因此，本流派的兵法是無招勝有招。換言之就是雖然學習的是招式，但在實戰中不會拘泥於招式，要因地制宜尋求克敵方法。

兩軍對戰時，要了解敵人的數量，認清戰場的形勢，同時了解我方的情況，做到知己知彼。要採取能夠充分發揮我方優勢的戰術，主動出擊把握先機，這是大戰中最重要的事。

敵人搶占了先機與我方主動出擊，這兩者對戰局的影響可謂是失之毫釐，差之千里。在戰鬥中運用大刀格擋，即便防禦得很到位，終究還是被動的。即使這種情況下手中握的是長槍或者長太刀，其實際效果就像是隔著防禦的木柵欄打擊敵人，構不成對敵人的實質性攻擊。相反，如果攻擊敵人時取得了主動權，就像拿掉木柵欄，或甚至能將柵欄當長槍或者太刀來主動攻擊敵人一樣。關於這一點請好好體會。

第六節　其他流派的視線

其他流派中關於視線關注的問題各有說法。有的認為目光應緊盯敵人太刀的動向；有的認為應時刻關注敵人手部的動作；有的認為應認真觀察敵人的臉部；有的認為應注意敵人腳步的移動。像這樣如果過分關注某一處，就會反受其害。這會阻礙你尋求真正的兵法之道。

比如蹴鞠[42]者，因為熟練掌握技能，他的視線並非一直追隨蹴鞠，但依然可以出色地完成高難度動作。曲藝表演者也是如此，如果技藝嫺熟，視線雖未所及，卻可以把門板放在鼻子上，可以刀挑小布袋連轉幾圈。所謂熟能生巧，便是如此。

42 蹴鞠：現代漢語「踢球」。

兵法之道中，因為已經習慣於各種戰術技法，所以能夠洞悉敵人的內心。如果參悟了兵法，就能夠迅速地判斷太刀的位置和速度。兵法中最應該觀察的是敵人的心理狀態，要用「心眼」去洞察一切。

在戰爭中，要注意觀察敵軍的形勢。「觀」比「見」更重要，需洞察敵人的內心動態，根據不同時刻的戰局採取合適的戰術力求取勝。

無論是兩軍對壘還是單打獨鬥，都不應該拘泥於細節。正如前所述，過分的重視細節就會一葉障目，忽視全域，以致錯失良機。請好好體會這些道理，在實戰中多加應用。

第七節　其他流派的步法

關於步法，其他流派有踮腳、飛腳、跳腳、踏步、鳥步等特殊招式。但是這些步法在本流派看來都有其缺陷。

戰鬥中雙腳自然有離地的時候，因此，非必要時應當儘量穩穩站在地面上，踮腳

誠忠義士傳
間瀬宙太夫正明
一勇斎國芳画
應需 一筆菴誌
堀江町 海老林
四十四

並不可取。飛腳也是如此。縱身躍起時，精力分散，無法專注地做下一個動作，戰鬥中也沒有必要反覆躍起。這些都是不好的習慣。

在戰鬥中跳躍，身體容易失去平衡，也容易分散精力，對戰局不利。踏步法本質上是一種消極被動的步法，很容易被敵人搶占先機，因此這種步法尤其應該摒棄。

另外，還有鳥步等各種五花八門的奇特步法。但是，戰鬥的場所各式各樣，比如沼澤地、濕地、山川河谷、砂礫地、甚至是羊腸小路。有些場合無法跳躍，根本無法使用上面所提到的這些奇特步法。

本流派主張，即便是戰鬥的狀態，步法也應當與平時走路一樣無異。對戰中要保持節奏，危急時刻，也應當保持與平靜時候一樣的步調，不緩不急，不可自亂陣腳。兩軍對陣時，步法尤為重要。因為在識破敵人企圖之前，若是一味急於進攻，勢必亂了節奏，錯失良機。相反，如果行動過於緩慢，錯失敵人軍心動搖開始潰敗之時，也相當於白白浪費戰機，不利於戰局的發展。敵人動搖時，一定不要給敵人任何喘息的機會。這一點非常重要，請多加練習。

第八節 其他流派崇尚速度

兵法之道中，一味追求出劍的速度並非正道。任何事物，正因為有脫離原本節奏的情形，才有快慢之說。一般人認為的「快」，在技藝嫻熟之人的眼中，就並非如此。比如，有的人擅長輕功，一天可以走四、五十裡路（見註釋四十一），但並不需要從早到晚快速奔跑。腳程慢的人，即便一整天疲於奔命，也不可能走這麼遠的路。另外，《老松》[43]本是一曲閒雅、悠揚的曲子，對太鼓技藝生疏的人來說會覺得節奏過於緩慢而趕拍。《高砂》[44]是一曲歡快的曲子，但是演奏時若是節奏過快也是不對。古話說，欲速則不達，過於著急反而無法把事情做好，因為跑得太快有可能跌倒，反而亂了節奏。不過，當然太慢也是不可取的。

43 《老松》最初為謠曲名稱，相傳以天滿宮的神木傳說為題材製作，用於祈求天下太平。後在此基礎上改編為慶祝時所用，由日本傳統樂器三味線演奏。

44 《高砂》是能樂的曲名。相傳兵庫縣住吉地區的松樹和南部高砂地區的松樹是夫妻，以此傳說為素材作曲，常常用於婚禮等喜慶場面。

其實，所謂的高明是表面看起來緩和平靜，但能緊跟節奏。任何領域的高手，做事都會讓人覺得恰如其分。希望通過以上比喻，各位能明白這些道理。

在兵法之道中，過於急躁是尤其不利的。因為在有些場合，比如沼澤地、濕地等，身體和雙腳都無法快速移動。揮舞太刀更是困難。太刀無法像鐵扇、小刀那樣輕便，越想快速斬殺敵人越是適得其反。關於這一點，一定要有清醒的認識。

在兩軍對陣時，過於急躁也是不可取的。須遵循前文提到的壓枕法，合理控制節奏。

當敵人急於進攻時，一定要反其道而行，靜觀其變，不要被對方牽制，這點非常重要，請多加練習。

第九節　其他流派所謂的祕訣與入門心法

兵法之道中，是否存在祕訣或者入門心法呢？有的技能，可能存在祕訣之類的東西。雖然或許存在著通往祕訣的入口，但一旦遇到敵我雙方實戰時，絕對不存在用入門心法去戰鬥，或是用祕訣砍殺的說法。

本流派在向徒弟傳授兵法時，面對初學者，因材施教，根據習武者的武藝，首先傳授易於掌握的技能和容易領會的道理。對於那些艱深難懂的道理，則採取循序漸進的方法，隨著學習者理解能力的加深，慢慢由淺入深進行傳授。

因此，本派通常都是斟酌實際情況，讓學習者一點一滴地學習，根本不存在祕訣和入門心法的區別。比如，一個人去登山，想往森林深處走，若一直往深處探尋，有時候反而繞到山林的入口處。無論是什麼道，發揮作用的時候可能是所謂「祕訣」，有時候則是簡單的入門方法，並不存在定數。

兵法之道中，難道存在藏私？本流派在授業時，不喜歡使用宣誓書或者處罰書之類條條框框的東西。因為相比這些形式的東西，本流派更注重因材施教，好好了解學習者的智慧和能力，教會他們去偽存真，由此走上正確的兵法之道的學習之路，堅定對本流派兵法的信念。這就是本流派兵法教義的原則，請一定好好領悟。

注解

在武藏看來，兵法之道是不存在藏私的，他這種主張在當時具有顛覆性和革命性。與此相對應的就是武藏不喜歡使用宣誓書或者處罰書這類的形式性質的東西。所謂宣誓書或者處罰書指的是弟子入門時起草的文書，上面明確記載各項誓約條目，如果違背的話甘願受到神靈的懲罰。這種風氣在當時非常流行，不僅僅在其他劍道流派，在其他的技能或者做學問方面都是非常重要的儀式。

風之卷後記

以上的《風之卷》分九條記載了其他流派的兵法概念。每一個流派本都應該詳細記載其入門方法及奧妙所在，但是我特意不這麼做。

因為對各個流派理論的理解和評價因人而異，就算是同一流派，其見解也各不相同。因此，為了讓後人更容易明白我真正想闡釋的內容，本卷中沒有詳細記載各流派的具體招式。

其他流派的招式大約可分為九類，主要有偏愛長太刀類、好用短刀類、過分重視力道類等。一言以蔽之，這些都不是兵法正道。本卷中雖沒有寫明其他流派的入門心法或者祕訣，各位應該也能體會。

本派的兵法，不分入門心法和祕訣，也不存在所謂的絕招。最重要的是要自持己心，才能深諳兵法之道。

正保二年（一六四五年）五月十二日　新免武藏

寺尾孫丞殿

寬文七年（一六六七年）二月五日　寺尾夢世勝延

山本源介殿

空之卷

此卷為「二刀一流」的兵法之道。所謂的空，是指沒有固定形狀；無法知道形狀的東西也視其為空。當然，空即是沒有任何東西。「有」是相對於「無」，知道了「有」，才知道何為「無」，這就是空。

按照世俗之見，事物道理中無法言說的部分視為空，這是對空錯誤的理解。都是源於執迷不悟。

在兵法之道中，作為武士，如果不能深刻領悟武士道的精神，就不能做到完全理解空。人們心中各種各樣的迷惘和無法排解的部分，雖然也稱為空，但這不是真正的空。

作為武士，應該切實掌握兵法之道，修習各類武藝，精通武士之道，心無旁騖，每日修行不怠，磨練意志，修行內觀，做到內心澄澈空明，排棄一切迷惘，這才是真正的空。

有的人在領悟真正的道之前，不仰仗佛法，也不依賴世俗規則，唯獨堅持自己是正確的。從真正的道來看，再對照世間的標準，那些都是由於人心執迷不悟和一葉障目，其實是偏離了真正的道。

當你深刻領悟了其中的意義，應當把追求真理作為根本，以實事求是作為道，廣泛實踐兵法之道，切實把握正確方向。當一切迷惘都退去時的空，才是兵法的極致，把空作為道，把道視為空，這是只有通過日夜苦練才能達到的境界。

空中有善無惡，有大智慧，有利有道。只有習得了兵法的真諦，深知兵法的道理，才能去除一切妄念，到達空的境界。

正保二年（一六四五年）五月十二日　新免武藏

寺尾孫丞殿

寬文七年（一六六七年）二月五日　寺尾夢世勝延

山本源介殿

附錄

宮本武藏生平簡介

本書譯完之際，恰逢日本將棋棋手羽生善治達成了日本將棋界首次「永世七冠」，成為轟動一時的大新聞。羽生善治的座右銘「內心澄澈空明，排棄一切迷惘」即出自於《五輪書．空之卷》。《五輪書》能夠超越時代局限，至今受到世人追捧，其中原因值得深究。宮本武藏在日本可謂家喻戶曉，他在京都與兵法名宿吉岡家族的對決，在嚴流島與岩流兵法家決鬥的故事，至今仍是許多小說、電影以及電視劇挖掘發揮的題材，並廣為傳播。《五輪書》亦成為現代日本人在哲學、經營等各方面的指導書籍，在世界各地也有諸多譯本與讀者。一九七四年，《五輪書》在美國以 THE BOOK OF FIVE RINGS 為名出版，成為轟動一時的暢銷書，熱度至今不減。唯宮本武藏真實的歷史事蹟，則留存數種不同的記載，難以考訂真偽。而關於他生平描述的史料，也是既少又多—在傳統正史所聚焦的重要政治、軍事活動中，宮本武藏鮮有參與，以至於其生平至今仍有許多空白和爭議；然而，相較於其他與宮本武藏身分地位相近的人物來說，各類史料卻又異常豐富，足為他的一生描繪出雖然粗略但大體可信的輪廓。

宮本武藏其人

宮本武藏是江戶時代初期的劍術家、兵法家、藝術家，開創「二天一流」劍道的始祖。他的一生有眾多謎團。首先關於他的出生年分，學術界主流之說有兩個。一說是一五八二年，另一說是生於天正[45]十二年（一五八四年）。按《五輪書》的序文中記載「年六十」推算，《五輪書》完成年間為寬永二十年（一六四三年）十月十日，宮本武藏應為天正十二年（一五八四年）所生，卒於正保二年（一六四五）五月十九日。

其次關於他的出生地，一般認為是播磨國（今兵庫縣），但是根據《東作志》等史料記載，宮本武藏的出生地為美作國（今岡山縣北部）。此外，宮本武藏亦是知名的水墨畫家及工藝家，其傳世的文藝作品眾多，如《鵜圖》、《枯木鳴鵙圖》、《紅梅鳩圖》《正面達摩圖》、《盧葉達摩圖》、《盧雁圖屏風》、《野馬圖》等水墨畫，另有馬鞍、木刀等工藝作品，這些都成為日本重要的文化遺產。

45 天正是日本天皇年號，指一五七三年至一五八六年。

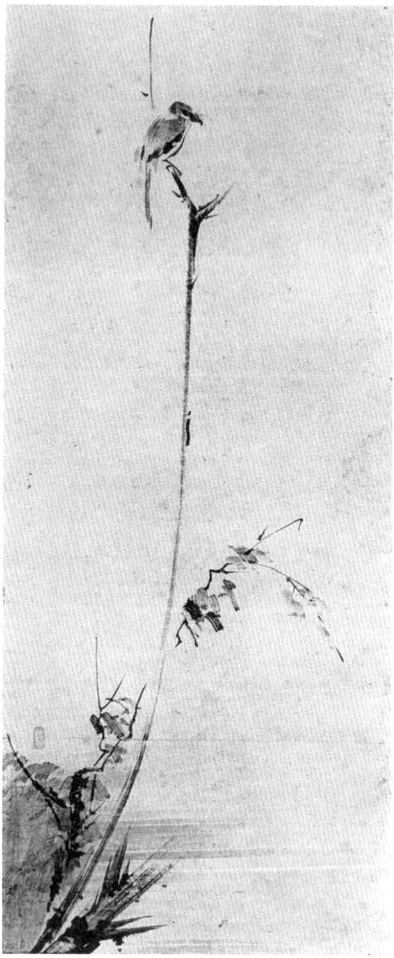

枯木鳴鵙圖
宮本武藏繪

青少年時期

宮本武藏青少年時期的史料甚少，但可以肯定的是，他成長於非常殘酷且要時刻保持警惕的環境。根據《兵法大祖武州玄信公傳來》（通稱《丹治峰均筆記》）記載，宮本武藏之父無二齋也是一名武士，有一次父親把手中的刀突然扔向毫無防備的宮本武藏，以鍛鍊其反應能力。

在《五輪書》中，宮本武藏自述在十三歲初次決鬥便戰勝了新當流的有馬喜兵衛，這和北九州市小倉北區的《新免武藏玄信二天居士碑》（史稱小倉碑文）的記載相符。《丹治峰均筆記》中雖然沒有記載武藏第一次決鬥的年齡，但是記載了他打敗有馬喜兵衛一事。由此可以看出，初出茅廬的武藏擁有非同尋常的臂力和勇氣。慶長[46]五年（一六〇〇年），石田三成率領的西軍與德川家康率領的東軍在關原會戰爭奪天下，

46 慶長是日本天皇年號，指一五九六年至一六一五年。

即歷史上著名的關原之戰47。根據《五輪書》敘述的人生經歷來看，武藏當時十七歲，隸屬於石田三成一方的宇喜多秀家，以西軍身分參戰。根據成書於江戶時代中期的武藏傳記《二天記》的記載，他在戰鬥中表現英勇，滿心期待能建功立業，成為一國或一城之主。然而，戰爭的結果是西軍大敗，石田三成等西軍將領或遭斬首，或被沒收、削減領地，勝利者德川家康三年後就任征夷大將軍。關原之戰的失利使得武藏的人生理想破滅了。之後他何往何從，史料沒有記載。

劍客時期

據《五輪書》，武藏「二十一歲赴京都，與天下兵法家切磋，未嘗一敗」。從天正十二年（一五八四年）武藏出生推算的話，赴京應是慶長九年（一六〇四年），也就是關原之戰四年後。關原之戰的失利使得武藏理想落空，為了揚名立萬，他輾轉各地和眾多武士決鬥。據自述，從十三歲到二十九歲，決鬥六十餘次，無一失手。

根據北九州市小倉島北區的《新免武藏玄信二天居士碑》記載，武藏最先挑戰的是「扶桑第一之兵術吉岡」，應是指吉岡流一門。這次決鬥在眾多文學作品中都有記載，雖有出入，但大致情節都是武藏先戰勝門主吉岡清十郎，再擊殺其弟傳七郎。為了復仇，清十郎之子又七郎發起第三次挑戰。相傳，為了打敗武藏，吉岡門下幾十百人前來助陣。然而，面對吉岡的全員圍剿，武藏仍然在斬殺了少主又七郎後全身而退，吉岡流一門也因此斷絕。

但是，武藏雖然打敗了當時聞名遐邇的吉岡家，卻沒有一個大名向他伸出橄欖枝。當時德川政權已經建立，戰亂終結，武士階層的境況已經大不如前，武藏只好繼續漂泊各地。

巖流島決鬥

在武藏的事蹟中，最廣為人知的莫過於「巖流島決鬥」，也就是慶長十七年在長門國（今本州山口縣下關市）的舟島（關門海峽上的巖流島），與岩流的兵法家佐佐

47 關原之戰是日本戰國末期（一六〇〇年）爆發的一場大規模內戰，幾乎所有諸侯（大名）都捲入了戰爭。交戰雙方為德川家康領下的東軍和石田三成領導的西軍，戰爭結局是東軍取勝，德川氏最終滅掉豐臣氏，統一日本，由此確立了近三百年的德川幕府。

木小次郎對決的故事。武藏自認窮究劍術之道，在《兵道鏡》中自詡天下第一。但是，他聽說佐佐木小次郎被小倉地區的細川藩尊為天下無雙的劍術方家並招至門下，成為劍術教頭，頓生落差，萌生挑戰的念頭。他認為，若是能打敗佐佐木小次郎，就能實現夢想，成為名副其實的天下第一劍客。

據《二天記》記載，一六一二年四月，武藏前往小倉向佐佐木小次郎發出挑戰。隨著第三方的記載發現，關於這場決鬥的真實性和武藏取勝已經沒有太大爭議，但仍有許多謎團迄今未解。首先，不論從武藏傳人的記述或第三方記載來看，這一戰都名動一時，但武藏自己的論著不知為何卻隻字不提。其次，不論決鬥的起因，抑或武藏對手佐佐木小次郎的姓、名、出身背景，以及決鬥的過程等，各種資料均有歧異。根據《小倉碑文》的記載，武藏和佐佐木小次郎同時到達嚴流島；《丹治峰均筆記》的記載是武藏先於小次郎到達；《二天記》的記載卻是武藏遲到，佐佐木小次郎感到非常憤怒。真相已經無從考究，但是在《五輪書》中，武藏認為激怒對手、擾亂敵心是對決的重要招數之一。從這個角度來考慮，武藏遲到一說更為可信。

然而，決鬥的勝利並未給武藏帶來所期待的結果，細川藩懼於德川家康的勢力，

小倉碑文

無法接納曾在關原之戰中為石田三成而戰的武藏。根據《二天記》的記載，武藏再次提出要和細川藩的家臣決鬥，但沒有得到回應。他憤懣不已，自己已經是天下第一的劍客，卻得不到認可，只好再次踏上流浪之途。

武藏生於「下克上」的戰國時代，認定只要擁有實力，一定能夠出人頭地，但卻一再事與願違。因為彼時的日本處於江戶初期，社會已經不需要武藝高超的劍客，而是穩定有序的運轉規則和組織。岩島流決鬥無論對當時的社會還是對武藏個人，都是一個巨大的轉捩點。

客將時期

嚴流島決鬥後，武藏依然失意地輾轉各地。這期間，他參加了日本歷史上著名的大阪之役[48]。這場戰爭是江戶時代早期在大阪城附近（今大阪府大阪市中央區）江戶幕府消滅豐臣家的戰爭，包括在一六一四年十一月至十二月的大阪冬之陣以及一六一五年五月的大阪夏之陣。

據福山藩小場家的記錄《大阪御陣御人數附覺》記載，大阪之役之中，武藏以德川軍名義參戰，並立下軍功，《二天記》中有「武藏軍功證據有」的記載。此後，德川家康完全控制了天下，改年號為元和[49]，史稱「元和偃武」，延續了將近兩個世紀的戰亂終於結束，相對和平的江戶幕府時代開始了。對武藏這樣以戰場廝殺為人生意義的人來說，這是一個巨大的打擊，意味著他徹底失去了展現畢生修行的劍術的舞臺。在這之後，武藏開始拜訪各地大名，尋求仕官的門路。

但是，他卻一直鬱鬱不得志：一方面，戰亂已經結束，社會穩定，各地大名已不再需要蓄養眾多武士；另一方面，武藏本身的態度也使他連連受挫。據《丹治峰均筆記》記載，有位元將軍仰慕武藏的名聲，請他到江戶（即東京）教習劍術，武藏聽聞這位將軍家已有柳生宗矩做劍術指導，他覺得自己曾經擊敗天下第一的劍道高手佐佐木小次郎，現在卻要成為柳生宗矩的手下，無論如何也無法接受，因此拒絕了將軍的

48 大阪之役是繼關原之戰後，日本戰國末期（一六一四年至一六一五年）最後一場內戰。此役，德川家康最終徹底剷除了豐臣氏勢力，徹底終結了戰國時代。

49 元和是日本天皇年號，指一六一五年至一六二四年。

好意。還有一種說法是，武藏提出三千石的高薪要求，三千石是當時幕府重臣的薪酬水準，和平年代沒有人願意出這麼高的薪水雇用一個武士。

武藏畢生修練劍術，成為名副其實的天下第一劍客。年過四十卻沒有出人頭地，依舊孤身一人，膝下無子。他深刻感受到了時代的變化，於是收養了播磨武士侍田原久光的次男伊織為養子，希望他能夠學習適應時代變化的學問，走一條和自己不一樣的人生道路。宮本伊織沒有辜負武藏的期待，十五歲就出仕小笠原忠真，在寬永八年（一六三一年）年僅二十歲時便成為小笠原家的重臣。

寬永十五年（一六三八年），島原之亂[50]爆發，小笠原忠真與侍從伊織出兵鎮壓，武藏也參與其中。根據《二天記》的記錄，在這場戰役中，武藏只是在後方指揮。島原之亂後武藏寄給有馬直純的書信中，寫到「我被石牆上扔來的石頭砸到腳，動彈不得」，由此推斷，武藏曾被當時的起義軍投石擊中而負傷。這可能是武藏過於想在戰場上建功立業，卻疏忽大意而受傷。苦練劍術五十年，卻無用武之地，想必武藏無比失落。

島原之亂後

寬永十七年（一六四〇年），武藏受熊本城城主細川忠利的邀請移駐熊本城。接受邀請時他提出：「我年事已高，孤身一人，無需太高俸祿。請為我準備一副武士的裝備及一匹駿馬。」武藏曾經拒絕將軍的邀請，提出三千石的薪水要求，但在步入老年、找到歸宿時，他所希望的不是高額的薪水而是武士的裝備和駿馬，可見即便是老了，他依然沒有失去作為武士要在戰場上揚名立萬的氣概。

之後，武藏在細川藩為細川忠利做劍術指導和政治參謀。漂泊大半生的武藏終於安定下來，開始潛心於書畫這個全新的世界。他在《五輪書》中說：「我把在兵法上所領悟的真髓融會貫通於各個領域，無師自通地學會了多門技藝。」也可能是因為無法施展劍術上的才華，為了排遣虛無和挫折，武藏開始寄情書畫。在這期間，忠利拜託武藏將劍道的奧妙整理成書，這就是後來的《兵法三十五條》。此書記載了學習劍

50 島原之亂是江戶幕府初期（一六三七年至一六三八年），在島原地區爆發的一次農民起義。

道應該掌握的基本方法和心得體會。然而，此書完成後的第二個月，細川忠利猝死。痛失知音，武藏遭受極大的打擊，於寬永二十年（一六四三年）隱居九州肥後岩戶山下（今熊本市附近）的靈巖洞。

在武藏的人生歷程中，他堅信強者的價值，一生致力於磨練劍術。回顧一生，既有和眾多高手決鬥的快意情仇，也有輾轉各家大名卻不被賞識的鬱悶屈辱，晚年終於遇到明主細川忠利，卻君臣不能長伴。劍道究竟是什麼，難道只是揮舞大刀打倒對手的技藝？在閉關的過程中，武藏萌生出新的想法，他認為自己窮究的劍道應該能應用於所有事物，而不僅只對學習劍道的人有指導意義，於是開始執筆撰寫《五輪書》。《五輪書》以《兵法三十五條》為參考，內容不限於闡述劍術技巧，更是充滿智慧的人生指南書。在長達兩年的寫作中，他嘔心瀝血，精力漸漸耗盡。在細川藩家臣的勸說下，他回到了熊本城，其後在病床上依舊筆耕不輟。一六四五年五月十二日，一代劍客宮本武藏的畢生著作《五輪書》終於完稿。在逝世前數日，武藏把《獨行道》與《五輪書》合稱為「自誓書」，並授予弟子寺尾孫之允。正保二年（一六四五年）五月十九日，宮本武藏走完了他的一生。

縱觀武藏的一生，生於戰國時代，青壯年時期社會趨於統一和安定，他身懷絕技卻顛沛流離。按照庸俗的價值觀來看，很難說他的人生是成功的。但是，在生活的逆流中，武藏始終沒有迷失方向，為實現自己的人生理想而不斷奮鬥。這也是武藏及其《五輪書》風靡至今的重要原因之一。瞬息萬變的現代社會，每個人都在追問人生的意義，也常常自問心安何處？武藏絕不言棄的一生或許能夠成為人生路上的參考；其著作《五輪書》或許能為這不安的時代提供指引方向。

細川忠利
矢野吉重繪，大渕玄弘題詞

兵法三十五條[51]

我常年修練領悟的兵法之道，如今首次記錄於筆端，其名為「二刀流」。由於很多內容只可意會不可言傳，所以，我只好隨思想天馬行空，還請諸位多多包涵，細細體會。

（一）本派命名為二刀流

我所領悟的兵法之道命名為「二刀流」，即兩手各握一把刀，左手握刀並沒有實際意義，其目的只不過是讓武士習慣單手使用太刀而已。單手使用太刀的好處在於：當兩軍對戰、騎馬、山川河谷、羊腸小徑或者在擁擠的人群中，可以單手自如地使用太刀。這種時候往往無法兩手同時握住太刀，只能單手拿刀。剛開始進行單手拿太刀

51 據傳，宮本武藏於一六四一年，受當時藩主細川忠利之命，把畢生的劍道心得體會概括成三十六條，但是命名卻為《兵法三十五條》。本書尊重作者命名，不做改動。

的訓練時一般都會感到沉重，但是熟練以後自然可以運用自如。比如，弓箭手如果能夠熟練掌握拉弓射箭的技巧，必然力道深厚，自然也有騎馬的力量。庶民之身也是如此，比如讓水手練習搖櫓，熟練後自然可以勝任。如果讓農民練習使用鋤頭鐵鍬，習慣後必然力大無比。太刀亦然，只要多加訓練，自然熟能生巧。只是人和人之間的力量有強弱之分罷了，每個人只要根據自己的能力使用太刀即可。

（二）兵法之道

無論是兩軍的對戰還是一對一的決鬥，兵法之道並無分別。在兵法中，如果把腦袋比喻為大將，那麼手腳就是君臣，身體就是普通士兵。兵法和修身治國的道理也是相通的。兵法中講究凡事不多不少、恰到好處，不過於強大也不弱小，從頭到腳都同樣對待，不要有所偏倚。

（三）太刀的握法

太刀正確的握法是拇指和食指稍稍放鬆，中指、無名指、小指握緊。太刀和手指都有生死之說。當手握太刀，出刀碰到敵人的太刀時；又或是遭受敵人太刀的攻擊時，若沒有斬殺敵人的決心，手中的刀就是死刀。所謂的生就是太刀和手部配合良好，既不生硬也不發抖，保持自然的狀態。手握太刀時一定要反覆確認是否手腕僵硬，是否手臂伸得過長，手臂一定要保持強大的力道。

（四）體態

兵法之道的體態應是：臉部保持平衡，既不朝下也不向上。放鬆肩部，挺直背部，不要彎腰曲背，收緊腹部。讓日常的體態成為練習兵法的姿勢，讓練習兵法的姿勢成為日常的體態。請從日常做起。

（五）站立的姿勢

腳步的移動根據不同場合有大小步和快慢步之分，但是要保持平常的步履節奏。應該儘量避免兩腳同時跳起；或者踉踉蹌蹌；或者原地不動。無論立足地如何，腳後跟都必須緊緊貼住地面穩穩站住。關於這個內容後面將進一步闡述。

（六）視線

兵法中關於視線應當投向何處，自古以來就有各種說法。但是在我看來，視線要保持與對方臉部同樣的高度，眼睛微閉，視線應該注意更寬廣之處。在與敵人對決中，保持目不轉睛，無論敵人多麼靠近自己，都要冷靜對待，時刻洞察遠處的風吹草動。這樣，不僅能夠把握眼前敵人的動向，也能眼觀八方。在對戰中擁有寬廣的視野，有利於把握整體的動向，這樣就能對敵人動靜隨機應變。視線分為「觀之目」和「見之目」，學習兵法之道的人應該強化「觀之目」，弱化「見之目」。意志生於目，但不現於物。關於這一點請仔細體會、多加修練。

（七）兵法的節奏

凡事都有不同的節奏，其他事物的節奏暫且不論，此處且談談兵法的節奏。無論學習什麼武藝或者技能，想要領悟其中的道理，都必須掌握其節奏。兵法中的節奏是，當敵人剛生起揮刀的念頭時，我方手中的太刀已經砍向敵人。在砍殺敵人的時候，一定要統敵如兵，掌握戰鬥的節奏。關於這一點請好好體會。

（八）心態

學習兵法之道要保持平常心，敞開心扉，心思澄明，不可過度緊張也不可鬆懈，思想不可偏激。要時刻提醒自己對事物不要有偏見，要以平常客觀的心態去看待事物。水是流動自在的，如果把心態比做水的話，有時就像一滴水般變化萬千，有時像滄海般寬廣穩定。要時刻注意自己的心境，充實強大自己的內心，不要讓無謂的事物影響心態。

（九）上、中、下等的兵法

兵法中有各種招式，太刀的劍術也有各種姿勢。有的招式看似非常強大迅猛，如果劃分等級的話，都不過是下等罷了。有的招式繁複難懂，注重花俏的技巧，節奏快，看起來似乎非常高明，這只不過是中等的招式。真正上等的兵法是不強也不弱，不快也不慢；動作簡單明瞭，沒有繁雜的招式，冷靜緩慢。請對照自己所學的招式好好體會。

（十）心中的準則

無論是寧靜的平日或是和敵人對決時，心中要時時刻刻都有一把尺，如此可以領悟更多。這就好比將敵人心靈和身體都綁上繩子，可以觀察到繩子的強弱曲直。換言之，通過繩子的狀態就可以體會到敵人是強還是弱，招式正確還是錯誤。此時對照心中的那把尺，就可以知道自己的長處或者短處，藉此可以知道自己正確還是錯誤。這就是用分析對手的方法來了解自己。請多下功夫體會。

（十一）太刀之道

如果不知道真正的太刀之道，就無法遊刃有餘地使用太刀，因此也無法發揮出太刀的威力。如果不了解太刀的構造，就無法斬殺敵人。如果把太刀當作脅差（比太刀小，品質也輕）使用，在斬殺敵人的時候就容易沒有自信。因此，要習得真正的太刀之道，就算是很重的太刀也要做到舉重若輕，請平日多加訓練。

（十二）攻擊和觸擊

攻擊和觸擊是兩碼子的事。無論使用何種太刀，攻擊是指先牢牢鎖定目標，有意識地擊打。觸擊沒有明確擊打目標，是無意識狀態下偶然觸碰到。觸擊有時候可能力道很強，儘管如此，和攻擊仍有明顯的區別。在對陣中，無論太刀碰到敵人的身體或者碰到敵人的太刀，或者沒有碰到敵人，都不要過分在意。如果有時候出劍無法有效打擊原先的目標，只是無關痛癢地碰到敵人，那一定是因為沒有保持平常心，自亂陣腳的緣故。

（十三）三種先機

兵法中有三種先機。第一、當我方先向敵人發起進攻時；第二、當敵人先向我方發起進攻時；第三、當敵我雙方同時發起進攻時。在第一種情形中，我方向敵人發起進攻，身體和太刀要保持同步，不可冒進，要靜待時機，既不鬆懈也不過分緊張，力爭動搖敵人內心。在第二種情形中，敵人先向我方發起進攻，要學會抓住敵人進攻節奏及變化的空隙，奮力反擊，一舉拿下。在第三種情形中，敵我雙方同時發起進攻，我方應不驕不躁強勢應對，要調動身體的一切力量以死相拚。在兵法中，占領先機至關重要，是制勝的法寶。

（十四）津渡

在決鬥中，當敵我雙方廝殺之時，手中的太刀向敵人揮砍，一定要讓自己的身體和腳部緊貼敵人的身體。這就像逾越重重難關，一旦克服了困難，之後就是康莊大道。關於這一點，請結合前後的條目好好體會。

（十五）化身為刀

當向敵人揮斬太刀時，身體不太能和太刀同步。根據敵人進攻的節奏，身體有時會先回應，然後太刀才跟著出擊。或者身體保持不動，太刀揮出擊打敵人。心在刀中，刀在心中。請仔細體會。

（十六）陰陽步

陰陽步指的是當太刀每揮斬一次，不要只移動單腳，應該兩腳同時移動。無論是斬殺或是撤退還是迎敵，都應該兩腳交替移動。揮斬太刀時單腳移動，那必然身體動作僵硬，無法自如地行動。兩腳交替移動時要注意保持平常的步履節奏。關於這一點務必好好體會。

（十七）踏劍法

踏劍法是當敵人進攻時，要坦然面對，阻斷敵人並將其擊潰。面對敵人揮舞的太刀，要有用腳把劍踏平在地的堅決心態。踏劍法中的「踏」，即面對敵人將發起的攻擊，要用整個身體乃至全部意志毫不猶豫地採取反制行動。若沒有這種意識，在戰鬥中則會處於被動局面，無法獲勝。

（十八）知己知彼

在對決中，如果能夠洞察敵人內心的想法，那就能知曉敵人長處和弱點。如此，攻打敵人時應注意避實擊虛，如果攻打其薄弱部分，敵人就會亂了陣腳，錯失良機，我方才能得勝。因此，我方應該沉住氣，細心觀察敵人的突破口。關於這一點請好好體會。

（十九）打草驚蛇法

打草驚蛇法也稱為動影法。影子是指太陽的影子，是肉眼可以看到的。當敵人把太刀放在身後，我方便不易看清敵人意圖，此時要時刻關注敵人太刀的動向。身體處於自然放鬆狀態，當敵人有行動的徵兆時，我方立刻使用太刀進行打擊，此時敵人的身體必然會作出反應。從敵人的反應中就可看出其意圖，就能根據實際情況加以應對，輕鬆克敵。以前很少考慮到這一點。現在，一定要謹防被動迎敵，敵人一旦有行動的徵兆，就要把握時機打擊他。請好好體會。

（二十）鬆弦法

弦是弓箭的弦。鬆弦法是敵我雙方短兵相接，勢均力敵、勝負難分時採用的戰術。

在對決中，迅速攻擊瓦解敵人處於高度緊張狀態的身體、太刀、足部、心態。這對敵人來說是意想不到的攻擊，能夠取得奇效。請一定好好體會這一點。

（二十一）梳子的啟示

梳子之心指的是把纏繞、混雜的狀態梳理清楚。在對決中，心中像裝著梳子，時刻關注和敵人短兵相接、勝負難分的狀態，根據實際狀況採取相應措施。敵我雙方混戰的狀態和敵我雙方勢均力敵的狀態看起來相似，實際上大不相同。敵我雙方勢均力敵時，我方心態尚強大；若雙方混戰，戰局不明了時則內心會有所畏懼。請仔細體會。

（二十二）兵法的節奏

所謂通曉兵法的節奏，是指根據敵人不同的進攻節奏採用不同的應對措施。敵人進攻的節奏有快有慢，要根據不同的形勢因地制宜。面對比較冷靜的敵人，我方不可輕舉妄動，趁敵人還沒做好心理準備，先判斷敵人的意圖後迅速制敵。這是一種節奏。面對迅猛攻擊我方的敵人，要從氣勢上壓倒敵人，瓦解敵人的心理防線，一鼓作氣連續發起攻擊。這稱為二重奏。無念無相攻擊指的是面對敵人時，首先身體要做好準備出擊的姿勢，集中注意力，全力以赴準備隨時出擊，趁敵人出其不意時給予致命一擊。所謂慢節奏指的是，當格擋敵人的太刀時，沒有把握時機而陷於被動狀態，會被敵人牽著鼻子走。在戰鬥節奏這一點上，請多下功夫體會。

（二十三）壓枕法

壓枕法指的是在實際交戰中，如果敵人準備砍劈，一定要提前看破其意圖，在他動這個念頭之前就立刻壓制住他；當敵人準備刺殺時，在他剛想到「刺」這個字時就擋住。壓枕法不僅是使用手中的太刀，而是要全身心投入。在戰鬥中，如果識破敵人的意圖，無論是攻打敵人、混入敵群還是破解敵人的攻擊，我方占據主動權非常關鍵。壓枕法適用於兵法的任何場合。請一定好好學習。

（二十四）洞若觀火

在兵法中，了解敵人非常重要。在戰場上，要了解敵人士氣高漲還是低落，要了解敵人的真正意圖、了解敵人的強弱。戰場上的情況時刻都在發生變化，如果能夠隨時掌握即時的形勢，在任何場合都能應對自如。這需要多加體會。

（二十五）易地而處

在戰鬥中，站在敵人的角度換位思考非常重要。來敵是單槍匹馬抑或千軍萬馬？武藝高超還是拙劣？敵人意圖何在？這些都要一一了解。如果不知道敵人內心的恐懼和絕望，就會把弱小的敵人當作強大的敵人，把武藝拙劣的敵人當作武藝高超的敵人。這樣，儘管敵人沒有任何優勢，我方因為畏敵變得消極，則給了敵人可乘之機。因此，一定要學會站在敵人的立場看待戰局。

（二十六）殘心和放心52

殘心和放心是根據不同的形勢因地制宜。一般情況下，手握太刀時是無意識的。但是，擊打敵人時，則要下意識去判斷。殘心和放心根據不同場合有不同的使用方法，請一定多加思考。

（二十七）機緣擊

「緣」指的是契機。在和敵人近距離交戰時，面對敵人揮斬而來的太刀，我方可能用太刀格擋、應接或者輕觸敵人太刀。請謹記，這些都是斬殺敵人的契機。應接、拍打、回刀這些都是為斬殺敵人做準備。此時身體、精神、手中太刀都應當全身心投入到斬殺敵人中去。其中奧妙請仔細體會。

（二十八）膠漆身法

膠漆身法指的是身體像有油漆黏住一樣盡可能靠近敵人身體，雙腳、腰部甚至臉部都要無限靠近。如果這麼做的話，對敵時將能施展各種技法。靠近敵人時應當把握好節奏，方法同「壓枕法」。當敵人準備進攻，剛想到「進」時就立刻壓制住敵人。

（二十九）秋猴之身

秋猴指的是手臂短小的猿猴。當身體貼近敵人時，要像自己沒有左、右手一樣整個身體貼近敵人。在接近敵人時，若是伸出手臂就是錯誤的做法。因為如果先伸出手臂，身體必然會遠離敵人。但是，左側肩膀和手腕部分能夠派上用場。不應該使用手掌。靠近敵人的節奏，參考前面的條目。

52 殘心和放心這兩個詞由於中文中沒有等義的詞，故直譯。殘心在日語中主要用於指劍道和弓道中的心態。在劍道中指擊打敵人後要做好心理準備應對敵人的反擊。相對於殘心而言，放心則是一種開闊的心理狀態，而不是時刻惦記著要殺敵。

（三十）比高法

當靠近敵人身體時，要像和對方比身高一樣，堅信自己一定能贏，充分伸展自己的身體。靠近敵人的節奏，同前面的條目。請多下功夫體會。

（三十一）衝撞術

當靠近敵人身體時，盡可能站直身體，伸展腰背，儘量覆蓋敵人的身體和太刀，儘量讓敵人和自己的身體之間不留空隙。另外，當身體蜷縮時，要儘量保持輕盈，注意保持筆挺、伸直，用肩膀強力衝撞敵人的胸部。

（三十二）統敵如兵

真正領悟兵法之道的人，要把敵人當作自己麾下的一個士兵，把自己當作軍隊的將軍。不給敵人任何自由，讓敵人的一切行動都按照自己的指示，讓戰局按照自己的意願發展，這樣敵人就失去考慮各種戰術的餘裕。這一點非常重要。

（三十三）似有似無的招式

太刀的招式有多種，但是無論使用何種招式，都不可受限於招式，否則身體和太刀就會僵化，無法發揮出應有的作用。無論身處何種狀況，手持太刀就要摒棄遵循招式的想法。太刀的招式要根據敵人的態勢因地制宜。上段的招式有三種變化，中段、下段、左側、右側的招式也同樣有多種變化。招式雖然有具體的形式，但不可受制於此。關於這一點請好好體會。

（三十四）磐石之身

磐石之身指的是像岩石一般紋絲不動且強大的內心。應該親身實踐兵法中的招數，且無止境。作為一名武士，應當像磐石一樣堅不可摧，所有人都懼怕他；像磐石一樣讓所有的草木都難以紮根，風吹雨打皆不動，這樣敵人就沒有任何的突破口。從磐石之貌，可窺劍術終極之道，請仔細體會。

（三十五）把握時機

把握時機指的是了解敵人進攻節奏的快慢，知道我方何時進攻，何時撤退。所謂「直道」是指領會「二刀一流」中太刀的精髓。這些道理很多都只可意會不可言傳。

（三十六）萬理一空

空即沒有任何東西，兵法中無法用語言說明的地方，需各位細細斟酌。

以上三十五條粗略記載了兵法的根本招式和一些個人心得體會，如果有解釋不夠清楚的地方，基本和前面所提的類似，請參考。但是「一流派」[53]中有很多內容是無法用文字說明的，皆為口傳，還請諸位用心體會。閱讀過程中，若有疑問，將口頭說明。

寬永十八年二月吉日（一六四一年）

新免武藏玄信

53《兵法三十五條》先於《五輪書》而作，當時命名為「一流派」。在《五輪書》中，前後命名不一致的情形在各章節均存在。為尊重原文，不做改動。

獨行道[54]

一、不可背離世間之道。
二、不可貪圖享樂。
三、凡事不可有依賴之心。
四、不可以個人為中心，需深思世間的事。
五、終生清心寡欲。
六、凡事無悔。
七、勿論善惡，切不可對他人懷恨在心。
八、凡事不傷別離。
九、不可存有對人訴說怨言之心。
十、不可沉溺於戀愛。
十一、不可對諸物持有好惡之心。
十二、不追求豪華奢侈的自宅。

十三、孑然一身，不可好奢侈美食。
十四、不占有本應傳世的古董品。
十五、自身不可擁有豪華之物，不可有傷神之事。
十六、除了必要兵器以外，不擄有其他多餘物品。
十七、為求道不畏死。
十八、年老時不妄得財寶領土。
十九、敬佛神而不求之。
二十、雖身死而不捨棄武士名譽。
二十一、常不離兵法之道。

正保二年（一六四五）五月十二日

新免武藏

54《獨行道》共二十一條，記載的是宮本武藏的人生信條，據說是他親筆手書，長九十七點三公分，寬十六點八公分，現為熊本縣指定重要文化遺產。

世紀經典 09

宮本武藏五輪書：武藏兵法要義／必勝・無敗／日本人精神與商戰思維的本源

作　　者｜宮本武藏
譯　　注｜林娟芳
浮 世 繪｜歌川國芳
封面設計｜兒日設計　**插畫**｜心河　**內文排版**｜裴情那
副總編輯｜林獻瑞　**責任編輯**｜李玉琴　**印務經理**｜黃禮賢

社　　長｜郭重興　**發行人兼出版總監**｜曾大福
出 版 者｜遠足文化事業股份有限公司　好人出版
新北市新店區民權路 108 之 2 號 9 樓
電話｜02-2218-1417#1282　**傳真**｜02-8667-1065
發　　行｜遠足文化事業股份有限公司　新北市新店區民權路 108 之 2 號 9 樓
電　　話｜02-2218-1417　**傳真**｜02-8667-1065
電子信箱｜service@bookrep.com.tw　**網址**｜http://www.bookrep.com.tw
郵政劃撥｜19504465　遠足文化事業股份有限公司
法律顧問｜華洋法律事務所　蘇文生律師
印　　製｜凱林彩印股份有限公司　**電話**｜02-2796-3576

初版 2022 年 8 月 17 日　**定價** 320 元
ISBN 978-626-96405-2-2

讀者回函 QR Code
期待知道您的想法

國家圖書館出版品預行編目資料

宮本武藏五輪書：武藏兵法要義/必勝.無敗/日本人精神與商戰思維的本源/
宮本武藏作；林娟芳譯註. -- 初版. -- 新北市：遠足文化事業股份有限公司好人出版：遠足文化事業股份有限公司發行, 2022.08
面；　公分. -- (世紀經典；09)
ISBN 978-626-96405-2-2(平裝)
1.CST: 宮本武藏 2.CST: 學術思想 3.CST: 兵法 4.CST: 謀略 5.CST: 日本
592.098　　111011611